未知
文库
U?PE

未知文库 Unknown ? Pocket Edition

人类进化错题本

Close Encounters with Humankind

Sang-Hee Lee & Shin-Young Yoon

【美】李相僖
【韩】尹信荣/著
陈建安/译

天津出版传媒集团
天津科学技术出版社

图书在版编目（CIP）数据

人类进化错题本 / (美) 李相僖，(韩) 尹信荣著；陈建安译. -- 天津：天津科学技术出版社，2025. 9.
ISBN 978-7-5742-2962-4

Ⅰ. Q981.1-49

中国国家版本馆CIP数据核字第2025DP6417号

人类进化错题本
RENLEI JINHUA CUOTIBEN
选题策划：联合天际 · 边建强
责任编辑：马妍吉

出　　版：天津出版传媒集团
　　　　　天津科学技术出版社
地　　址：天津市西康路35号
邮　　编：300051
电　　话：（022）23332695
网　　址：www.tjkjcbs.com.cn
发　　行：未读（天津）文化传媒有限公司
印　　刷：河北鹏润印刷有限公司

未知文库 U?PE

关注未读好书

开本 880×1230　1/64　印张5.75　字数153 000
2025年9月第1版第1次印刷
定价：39.80元

未读 CLUB
会员服务平台

本书若有质量问题，请与本公司图书销售中心联系调换
电话：(010) 52435752

目 录

序言　一同启程吧

2001年，我搬到加州，拥抱在加州大学河滨分校人类学系担任助理教授的新生活。在美国留学的近10年间，我四处搬迁，身边几乎没有多余的行李。结束了在日本的博士后研修课程，我再次搬回美国，行李变得更简单了。于是，我盘算着将寥寥无几的行李寄往加州，顺便把汽车也一同托运过去。当时我开着一辆1994年产的道奇休旅车，虽然车窗要手动升降，没有空调，所谓的音响系统也不过是一台很简易的收音机，但它确实是一辆结实又可靠的好车。

原本我打算将全部的家当托运，然后轻轻松松地搭乘学校提供的免费班机飞抵加州，教授却鼓励我自驾前往。我不情愿地回以想尽早抵达，以熟悉环境，但这只是借口，其实是这个提议让我感到有点不安。但教授告诉我，这可能是我最后一次亲身感受美国这块土地的宝贵机会了。在他的耐心劝说下，我最终接受了这个提议。

那时，我想起了约翰·斯坦贝克（John Steinbeck）的著作《横越美国》（*Travels with Charley*, 1962）。我在准备出国留学时读了这本书，感触颇深。斯坦贝克带着爱犬查理一同踏上横跨美国之旅，在旅途中，他对于身为一个“美国人”到底意味着什么，而“美国”又是一个怎样的国度等问题有感而发，在不断思索与观察中完成了这本大作。他在书中探讨了美国国内如积水般的腐败问题，针对种族间的冲突也有许多着墨。20世纪60年代的社会运动撼动了美国，也对1990年初到美国生活的我产生了莫大的影响。我曾经单纯地认为，美国的种族大概就分为黑人与白人，对美国文化中根深蒂固的种族矛盾与种族概念相当陌生。既然这趟公路之旅蓄势待发，我便想着要效仿斯坦贝克，在每个驻足停留之地与当地人进行交流，感受每一个当下。当然，我可不能忘了带上一台录音机。

启程前，我拟定了几项原则。首先，行车路线必须尽可能选择当地公路而非高速路。我没有手机，所以买了紧急时可直接拨打911的电话与车用充电器，还准备了一箱矿泉水与苏打饼干，最后将几件简单衣物与洗漱用品装进车里。我突然觉得自己好像化身成我最爱的电视剧《星际旅行：重返地球》（*Star Trek: Voyager*）中指挥着“航海家号”的珍妮薇舰长，秉持着“勇踏前人未至之境”的精神，踏上了旅程。

过去一年，我以客座助理教授的身份暂时住在宾夕法尼亚州的印第安纳，于是我从这座城市出发，开始了这趟横跨美国之旅。第一站，我绕到密歇根州拜访了米尔福德·沃尔波夫（Milford Wolpoff）教授。他是我的研究生导师，也是提倡“人类多地起源说”的著名学者。他像对待亲生女儿一般对待远渡重洋来美留学的我，也经常毫不吝惜地鞭策与鼓励我。如果没有他孜孜不倦的指导与协助，从高中到大学一路都念文科的我，肯定难以在古人类学这个文理兼备的专业领域研究下去。

紧接着，我开往肯塔基州，那里有位和我一起念硕士班的好朋友，同一年入学的我们连导师也是同一位。越战末期，她们全家逃离西贡（现在的胡志明市）来到美国。在学校时，她特别照顾同为亚裔学生的我。自从她往学术界之外的领域发展，我们便断了往来。再次联系上时，她已是一家大公司的主管，也是两个孩子的妈妈。

有不少人怀着成为学者的梦想考研，但他们不一定都能在学术道路上一直走下去。我俩再次相见时，应该会对对方正走在“自己没走”的那条路上有更深刻的感触吧。“如果当时没有放弃的话会怎样？”又或是“如果当时及早放弃而去探索其他可能性，会怎样呢？”开始攻读博士学位后，人生计划的再修正可谓难上加难，天知道那需要多大的勇气。我会不时扪心自问：“在别人眼里，我是不是一个失败者？”即便如此，选择留在学校工作也不是件易事。无论哪一条路都充满着困难与挑战，但有心人会让每一条路都成为康庄大道。

旅行刚开始总是让人迫不及待，但一路途经肯塔基州、伊利诺伊州与密苏里州，再到堪萨斯州时，我已经筋疲力尽。8月底的炙热阳光令人透不过气，只有在清晨我才能稍稍感觉到凉意。由于车内没有空调，所以我摇下车窗一路向西。朝着太阳行驶了一段时间后，我的左臂被晒黑了，即使擦了防晒霜也没什么用。公路上有时一整天都看不到其他车辆经过，收音机里播放的始终都是乡村音乐。我一边呼吸着从车窗灌进来的热空气，一边在暖烘烘的车里听着慵懒单调的歌曲，时间久了，我的脑袋开始变得一片空白。此刻我终于明白，为什么开长途车的人总会想听节奏轻快的歌了。

开了一整天的车，天色渐渐暗了下来，我就近找了一家旅馆住下来。

“请问还有空房吗？”

站在柜台后的是一位身材壮硕的妇人，正用一种狐疑的眼神上下打量我。

“你真的是一个人吗？”

她偷瞄我身后的这个动作，好像在怀疑我是假装独自入住，回头就会把其他人偷偷带进房间。

简单地吃过晚餐，看了一会儿电视，我便梳洗就寝。隔天起床吃过旅馆提供的早餐，付清房费，我又启程上路。大概每隔3天，我就会在加油站或便利店买明信片，寄给朋友以及父母，简单告知他们我的情况，然后继续开车，直到太阳下山为止。

除了出入旅馆时会和柜台的人讲上一两句话，其余时间里我都不怎么说话。一方面是因为我没有手机，另一方面也是因为没有发生需要用公共电话打给某人的状况。再加上所到之处，放眼望去全是身材高大的白人，独自一人、与众不同的我有种不得不蜷缩在角落的感觉。渐渐地，我变得尽量不与任何人交谈，不仅是出于戒备，而且是因为对这一切感到厌烦。

当车子开过比美式煎饼还要平坦的堪萨斯州，映入我眼帘的是落基山脉。落基山脉地势险要，满是崇山峻岭，山冈与溪谷紧密相连，这迫使我打起精神，比任何时候都要专注。就在此时，我想起过去曾有许多西部拓荒者，他们试图乘坐马车穿越崎岖的山路，结果在半途中死去。其中，最著名的就是唐纳大队的故事。

19世纪，5月的某一天，近90名拓荒者从密苏里州出发，打算移居加州。原本的计划是横越犹他州与内华达州，赶在9月天气变冷之前抵达，没想到他们半途迷路，行程严重耽误，最后他们被困在11月的内华达山区。食物已经吃完，绝望之下，他们只好吃死去同伴的尸体以求活命。到了第二年3月，最后剩下的40多名成员才获救。日后，人们在探讨食人行为、食人风俗或是食人族等相关议题时，免不了会提到唐纳大队的故事。

抵达加州前，我终于在加油站洗手间的镜子里看到了自己的模样，全身只有左臂被晒黑，像个大卡车司机。我突然想拍下照片留作纪念，这也是我第一次拜托陌生人为我拍照。我在这趟旅程中拍了无数张照片，唯一有我出现的照片竟是以加油站为背景，现在回想起来觉得有点惋惜。

进入加州之后，我首先拜访的就是知名的“鬼镇”——卡利哥（Calico）。在银价高涨的19世纪80年代，这座小镇因盛产银矿而兴起。在长达12年的全盛时期中，这里共开发出500多座矿坑，矿产量相当可观。但随着银价在19世纪90年代中期暴跌，居民纷纷搬走，卡利哥顿时成了一座空城。如今，这里转型成为商家聚集贩卖纪念品的观光胜地。

在古人类学历史上，卡利哥是一个重要的遗址。

于非洲挖掘出大量古人类化石而声名大噪的人类学家路易斯·李基（Louis Leaky）认定美洲大陆的古人类遗址就在卡利哥，并且于20世纪60年代率领团队在此进行挖掘。此举受到举世瞩目，他们最终却无功而返。失望至极的李基也因此放弃了对卡利哥的研究。直到今天，人们仍无法证实，李基在卡利哥遗址中挖掘出的“石头器具”究竟是人工制造的石器，还是天然形成的石片。

耗时16天，从宾夕法尼亚州出发，我一路行经10个州，最后来到加州。这趟公路之旅全长3500英里[1]，相当于我平均每天要移动220英里。就在我抵达目的地不久后，“9·11”恐怖袭击事件发生了。如今，陌生的外国人要想开着破车在乡间闲逛，就没有这么容易了。

横跨美国的公路之旅结束后，我立即投入新的教学生涯中，一晃10年就过去了。为了不让别人有制造流言蜚语的机会，误会我是凭借特殊身份得到教授

[1] 编者注：1英里约为1.6千米。

职位，我心无旁骛、全身心投入工作中。我相信，一个人能得到一份好工作，你可以说他靠的是运气，但坚守住这份工作，靠的只有实力。

我的教学生活确实过得很辛苦。在“君师父一体”思想下长大的我，实在是难以适应美国这种学生把教授当朋友，并且将意见相左视为理所当然的文化。我的授课内容大多按照我在学生时代所学的来编排，原以为只要传授自己宝贵的经验与知识，学生们就会迫不及待地像块海绵般将其吸收，但实际上他们并没有那么容易被驯服。很多学生上课时不仅向我投以不友善的眼光，而且会坐在椅子上交叉双臂、一脸不在乎。我只能说，东西方的教育文化真的迥然不同。

种种挫折让我明白自己似乎没有当教授的天分，绝望之余转而专心投入个人研究。当我在学校的工作步入正轨，稍微有时间顾及其他事务时，刚好尹信荣记者与我取得了联系，我便开始在《科学东亚》上撰写有关人类进化的专栏文章，目标读者群是平常对人文书籍有兴趣的大众。拟定好几个有趣的人类进化主题后，我便开始动笔写作。那时，我才领悟到，过去那样传统的教学方式有多么无趣并且缺乏说服力。

就像为《科学东亚》的读者讲述人类进化的故事，我开始将此种方式运用在课堂上。过了一段时间后，神奇的事情发生了，已将《生物人类学概论》的授课内容倒背如流的我，居然再度燃起教学的热情。如今，这堂课成了每年许多学生想选的热门课程。

有些教授偏好带领少数学生精英进行专题式的深入研究，但现在的我更喜欢站在教室的讲台上授课。在数百名听课的学生中，有不少人其实是为了修满通识学分才无奈地坐在教室里。以前如果看到学生们脸上露出不耐烦的表情，我一定会感到十分气馁，但现在的我非常喜欢探索与尝试各种不同的教学方式，以激发学生的求知欲与好奇心。在这些被迫前来听课的学生中，竟然有人主动申请改修人类学系。

不仅是年轻学生，这些有关人类进化的疑问同样会引起成年人的兴趣。无论参加什么聚会，我的身份都能引起众人的讨论。大多数人在得知我是一名人类学学者后，都会以“太好了，我一直对人类的起源感到好奇”作为聊天的开端，并顺带提一两个有关人类进化的问题。这么多人对人类的进化有诸多疑问，其实我一点儿也不惊讶。因为无论是谁，应该都思考过“人类到底从何而来，我们又是如何以这般样貌在这片土地上生存的”。

人类进化史上那些数不尽的故事一再告诉我们：“一切都没有正确答案。”那些有助于进化及适应环境的生物特征，都是偶然出现的产物。偶然形成的环境变化，促使生物偶然产生了有利于进化的特征，具有此特征的生物个体再繁衍出更多的后代。曾经有利的特征也不一定永远都是有利的，一切都会改变。

回顾持续数百万年的人类进化史，整个过程宛如巨大的时间洪流，人类开始直立步行，然后脑容量增加，发展出文明与文化。仔细观察后，你会发现，这些过程并非一条简单的直线，而是一个个迂回曲折的进化足迹，一切都是为了顺应当时的情况和环境而自然选择出的一种结果。在特定条件下应该考量的，并非如何做出最佳选择，而是如何让生命延续下去。

虽然我根据能力倾向测验结果选择了读文科，但我最后将文理兼备的古人类学作为专业。我曾一度认为自己的个性不适合担任教师，但现在的我满怀热忱。我无法保证自己今后的想法不会改变，因为周遭环境不断变化，我的身心状态也会随之改变。耗时16天的横跨美国之旅也是如此，我唯一能做的，就是决定好每天要走的路，然后一直向前奔跑。

本书中收录的22个故事，是我过去向学生讲授人类学时所浮现的点滴片段，以及一路走来自己直接或间接的经历。我将这些经历与人类进化的历程互相融合，以一种更有趣、更易懂的方式写下来。有些是为了回答某人的具体疑问而开始书写的，也有不少是听了某人无心的言论后苦恼不已，自己试图寻找答案才写下的。这本书并不是典型的传统教科书，你可以从第1章开始细细品味，也可以按照自己的喜好，想看哪篇就翻开哪篇。无论身在何处，只要拿起书本你就能开始阅读，可以开开心心地看完就好，你也可以更深入地了解，循着参考文献追根究底。希望各位读者能与我一起尽情享受这趟漫长却有趣的人类起源之旅。

李相僖

01

★

人类是食人族吗?

在安东尼·霍普金斯与朱迪·福斯特主演的电影《沉默的羔羊》中，霍普金斯饰演的汉尼拔是个不折不扣的食人魔。曾有几部电影让我在戏院里看到一半就看不下去了，这部片子正是其中之一。尽管我之前已大概了解剧情，也做好了心理准备，但剧情实在过于残忍，虽然强忍住了一阵阵的反胃与恶心，最后我还是逃出了电影院。

讽刺的是，几年后我短暂当过一段时间的“食人族专家”。2007年春天，我以教授般威严的语气回答了一通电话。

“我是好莱坞E! News的记者，想听听您这位食人族专家的意见。有人用鼻子吸入火化后的骨灰，请问这也算是一种食人行为吗？”

“什么？”

“昨天滚石乐队的吉他手基思·理查兹（Keith Richards）说，他用鼻子吸入了自己爸爸的骨灰。针对这一点，我想听听专家的意见，在谷歌上搜索了‘食人’后，第一个显示的就是您的名字。没想到这附近就有一位‘食人族专家’，真是太好了。”记者似乎感到很庆幸，我却对自己以“食人族专家”的名号登上搜索引擎第一名而感到惊讶不已。

学生们对食人族与食人风俗等议题相当好奇，所以我曾开设过两三次关于食人行为的主题讲座。这件事被刊登在讨论大学教育的全国性刊物《高等教育纪事报》（*The Chronicle of Higher Education*）之后，有很长一段时间，人们看到我就称我为“食人族教授”，甚至还有其他教授将食人犯罪的相关报道寄到我的校内信箱以供我参考。当时有一名德国人，因为吃人肉事件闹上了法庭而轰动一时。他在报纸上刊登广告，寻找愿意被自己吃掉的人，与对方签订契约后再杀死对方并吃掉。现在回想起来，在学校信箱内收到这样的报道与照片，这件事本身就挺恐怖的。

虽然我怀疑过这是一通谎称是记者的恶作剧电话，姑且当作上当受骗吧，我还是向他提供了“专家意见”。这个问题的重点在于，“食人”的定义到底是什么。对亚马孙流域的亚诺马米族而言，吃祖先骨灰，至今仍是一种庄重而肃穆的传统习俗。许多人类学学者会以此为依据，来判别这是不是一项“食人”

行为。不过，基思·理查兹是否同样心怀敬畏地吸入自己父亲的骨灰，这就无从得知了。后来，这段访谈内容出现在网络和报纸上，甚至还有朋友因看到我的名字与大名鼎鼎的吉他手放在一起而兴奋地打电话给我。

言归正传，食人族真的存在吗？人类拥有多元的饮食习惯与文化，可以说是到了无所不吃的地步。这么一来，我们是否可以假设有同类相食的可能性呢？我们是否可以认定，在世界上的某个地方存在一群人，他们将吃掉同类视为家常便饭？电影中不就出现过这样的场面，主角在丛林迷路时被食人族抓走，然后在即将被烹煮或烤熟来吃之际戏剧性逃生？当人们问“谁有可能是食人族？”时，十之八九的人会认为是居住在蛮荒丛林的原始土著。虽然我们所属的文化圈并不存在这样的事，但在世界上某一个与我们文化相异或未开化之地，在那些我们看不到的地方，人吃人这种惊世骇俗的行为却有可能稀松平常地发生着。

这些土著是否真的是食人族，我们稍后再回来检视。我们先来厘清部分人类学学者在此研究议题下提出的另一个疑似食人族的案例，这个案例对现代人类的食人行为研究有着极大的影响。有趣的是，这些人并非住在遥远的蛮荒地区，而是存活在遥远的过去。他们就是现代人类的近亲，如今已完全灭绝的尼安德特人（Neanderthals）。

人类有食人族亲戚吗？

欧洲克罗地亚的克拉皮纳（Krapina）遗址是在20世纪初才被发现的一个洞穴遗迹，因出土数十名尼安德特人的化石而声名远播。这些化石大多是年轻女性与孩童的，有着耐人寻味的共同特征：多数化石已成碎片，而且普遍缺少头部和脸部的骨骼化石。此外，化石上还有明显的刀痕。这究竟意味着什么？

人类学学者解释，这就是食人风俗的遗迹。当时，各界都认为尼安德特人不仅皮糙肉厚，而且具有攻击性。看到这里时，不少人都会这样认为吧：那些存活在史前时代的人类祖先和近亲，全都毛发浓密又生性残暴，背部微弯且无法完全直立行走，看起来就像住在非洲丛林里的类人猿。关于这部分，本书后面的章节还有更多探讨。总之，有了这样的刻板印象，而且有化石上的特殊痕迹作为“物证”，尼安德特人是食人族的说法在20世纪初期得以流传开来。

但是到了20世纪下半叶，情况发生了变化，开始有人提出“尼安德特人不是食人族”的观点，甚至还出现了一篇神奇的研究报告。20世纪80年代，美国凯斯西储大学人类学系的玛丽·罗素（Mary Russell）教授为了了解克拉皮纳的尼安德特人是否真有食人的风俗，提出了一个其他人想都没想过的新论点。

罗素教授做了一个假设，姑且认定尼安德特人会把同类杀死并吃掉吧，那么化石上的刀痕应该要与宰杀野兽时的痕迹类似。但如果不是杀来吃呢？会不会是为了举行二次葬（尸体首次下葬后，经过一段时间再将骨头捡拾并处理干净，进行第二次埋葬）？在这种情况下，刀痕就会呈现出为了举行葬礼而细心修整的痕迹。无论是宰杀吃掉或是举行葬礼，虽然都在人骨上留下了刀痕，就本质而言，却是迥异的文化行为。

为了证实假设的正确性，罗素教授分别从多个现代人类考古学遗址中收集已被确认为宰杀及丧葬的骨头刀痕。首先，她在旧石器时代晚期的大型狩猎遗址中找到兽骨上的刀痕，又从美国印第安人的藏骨堂中采集二次葬的人骨刀痕，然后将克拉皮纳的人骨刀痕与这些痕迹进行比对。

结果如何呢？克拉皮纳的人骨刀痕与被狩猎宰杀的兽骨刀痕不同，却与丧葬的人骨刀痕相似。尤其是刀痕主要集中在骨头的末端，这一点与印第安人的人骨刀痕非常类似。我们想象一下二次葬的过程就能理解，当尸体处于腐烂殆尽的状态，骨头上的残余物必须被刮除干净，此时就会用上刀子。由于骨头上已经没有多余的尸肉，所以主要修整的部位会落在骨头末端而非中段。

反观被宰杀的兽骨，痕迹主要集中在骨头的中段，这是因为下刀时必须砍中肌肉与骨头附着的地方，才能把肉割下来。这个重大发现意味着克拉皮纳化石的刀痕来自丧礼而不是同类相食，因此这个“物证”不足以证明尼安德特人有食人的风俗。

“食人族”是一种误解?

随着罗素教授在的论文20世纪80年代发表出来，“没有食人族”的观点也逐渐扩展到人类学的另一个层面。某些人提出，人们之所以认为世上存在食人族，只是因为一连串的误解。“食人族”这个英文单词（cannibal），源于哥伦布于15世纪抵达美洲西印度群岛时引发的一场误会。哥伦布相信自己发现的地方是印度（所以他把该地区称作“西印度”），并且把当地原住民误认为是蒙古可汗的后裔，因此才称呼他们为“卡尼巴人”（Caniba），甚至还在报告中对他的国王说：“卡尼巴人会吃人。”

过去只会在神话或传说中出现的食人族，竟然在世上的某个角落真实存在着，这样的故事立刻引发了欧洲人的好奇与想象。食人族的故事很快就传遍整个欧洲，“卡尼巴人”也变成了食人族的代名词。后来，欧洲列强展开海外殖民地争夺战，各国陆续派出传教士与人类学学者作为殖民势力的前锋。他们将所到之处与食人族相关的故事收集起来，编辑出版成论文、书籍等。从此之后，食人风俗便成了野蛮土著的代表性特征。

到了20世纪下半叶，故事有了新版本。学者仔细阅读这些记录与书籍，发现大部分与食人族相关的内容都毫无事实依据，许多记录只是“传闻”而已。美国纽约石溪大学人类学系的威廉·阿伦斯（William Arens）教授细细研究了相关记载，并在其著作《食人的迷思》（*The Man-Eating Myth*，1979）中澄清了关于食人族的谣言。原来，食人族的故事几乎都是出自两族相争时两方族人的互相毁谤之词：“我们不干那种事，但树林另一边的那些家伙，全是蛮横无理的食人族。前些日子，我也差点被杀来吃掉，好险，最后还是勇敢地逃了出来。”食人族的消息来源，就是这些所谓的英勇故事，而将这些故事记录下来的人，没有一个是自己亲眼所见。事实上，向哥伦布谎称卡尼巴人是食人族的，正是与他们相争的邻族——阿拉瓦克人（Arawak）。

这种邻族之间的说辞虽然无法作为食人行为的证词，却让我们了解到另一个重要的事实，那就是食人行为对热带丛林中的土著来说，同样是一种十分可怕的行为，这和许多欧洲人所抱持的偏见完全不同。由此可知，把吃人当作吃饭一样的人类群体并不存在，将食人行为视作家常便饭的食人族故事也不攻自破。

那么，我们能直接得出在人类历史上从来没有食人行为存在的结论吗？答案是不能。虽然少之又少，但的确有某个种族有着食人的风俗，他们就是居住在巴布亚新几内亚的弗雷族。在20世纪40年代前，几乎没有人知道弗雷族的存在，直到当时澳大利亚政府派公务员对当地进行人口普查时，才有了这一发现。20世纪50年代，澳大利亚开始在巴布亚新几内亚设置警卫队，传教士与人类学学者也随之而来，弗雷族与其传统风俗才开始慢慢暴露。

所谓的“食人风俗”，其实是弗雷族非常独特的葬礼仪式。当弗雷族人离世后，该族人的母系女性亲属会将尸体整理一番，但整个过程惊悚到无法被一般人所接受。虽然有点残忍、血腥，但我还是在此稍作介绍吧。首先，她们会把尸体的手与脚砍断，再将手臂与大腿的肉刮下来，把人脑取出后再剖腹拿出内脏，最后把刮下来的肉分给男人，脑与内脏则分给女人吃掉，在一旁观看整个过程的孩子们也会一起分食。

弗雷族现在已被禁止举行这种葬礼，但这在过去是一件十分平常的事。他们为什么要举行如此可怕的葬礼？因为他们相信将尸体吃掉后，死者会变成自己的一部分，继续与族人存活在这个部落里。或许你觉得荒唐，但这种信仰其实并不罕见，在其他文化中也存在。亚马孙流域的亚诺马米族会将死者的骨灰拌在粥里，分给亲戚或邻居食用。虽然只是一种比喻，但在基督教的圣餐故事中，耶稣要人相信面包是他的身体、葡萄酒是他的血液，还让众人吃下面包、喝下美酒。这些都传递着同一个信息，那就是“请以此种方式将我铭记在心”。撇开弗雷族食人风俗中那可怕的手法不谈，其背后隐藏的正是极为普遍的人间至爱。

当然，并非所有的食人风俗都是如此情真意切，也有充满憎恨的。在战争或复仇斗争中杀死俘虏，并将其心脏、鲜血等极具象征性的部位吃掉，是一种“用吃来消灭”仇人的行为，但这仅存在于历史记录中，近代社会中没有人直接目击过。

无论是基于情意还是恨意，我们都不能忘记一个事实，那就是食人行为绝非人类日常饮食行为的一部分，没有任何人类群体将人肉作为正常的食物，以上所举的罕见案例也都属于象征性仪式或文化旧习。是爱也好，是恨也罢，从某种角度来看，我们可以将它视为一种“通过仪式以表露世间极致之情”的行为。

尽管有食人行为，但世上没有食人族

让我们再回到古人类学的故事里。考古学者与人类学学者利用罗素教授的新方法，尝试通过人骨化石上的刀痕寻找过去食人行为的痕迹，最后他们取得了几项成就。1999年，科学家在法国莫拉-古尔西（Moula-Guercy）的尼安德特人遗址中，发现了类似食人行为留下的刀痕；从西班牙阿塔普尔卡（Atapuerca）遗址出土的中更新世人类化石上面也有同样令人联想到食人行为的刀痕，在时间上比尼安德特人更早。

美国印第安遗址出土的人骨化石上也有类似的痕迹，无论这刀痕是否与食人行为有关，此发现都引发了一场激烈论战。印第安人的祖先是否有可能是食人族？这个话题已经够敏感了，又牵扯到欧洲白人掠夺美洲大陆与印第安原住民之间的政治矛盾，最后甚至演变成民族情感对立的激烈局面。直到2001年，一个关键证据才让这场论战在某种程度上慢慢平息下来。科学家在美国西南部科罗拉多州的阿纳萨齐（Anasazi）遗址中发现古印第安人的粪便化石内有某种只存在于人类肌肤组织的蛋白质。凭借这个“直接证据”，人们至少可以确定在此遗迹中发生过食人行为。

尽管食人行为确实存在，但我们不能以此当作食人族存在的证据。人类历史上的确发生过食人行为，从弗雷族追溯到早期的法国、西班牙与古印第安人遗迹，我们都找到了相似的证据。甚至在现代社会中，某些极端特殊的情况下，食人行为也是被允许的。

1972年，一架载着乌拉圭橄榄球队的飞机在安第斯山脉坠毁，幸存者为了活下去，只能吃掉同伴的尸体，这个事件还被改编成了电影；美国西部垦荒时代，几个家庭组成了迁徙车队“唐纳大队”，他们在前往加州的途中迷了路，被困在内华达山区四个多月，近一半人靠吃人肉才活了下来。但我们能把这些迫于无奈而吃人的人称为食人族吗？2010年，那些受困于倒塌矿坑中的南美智利矿工就算真的吃了人，在道德的审判下，我们也不能将他们称为食人族。

远古人类的化石鼓励我们发挥无限的想象力：究竟他们是为了纪念过世的死者才食用人肉，还是为了报仇雪恨才吞下尸体的某个部分，抑或是为了在中更新世冰河时期的极端环境中活下去才不得已做了最后的选择？

我们分析考古学与人类学的资料，不代表我们可以对过去的人类擅自假设或妄下定论。食人风俗确实存在过，但可以肯定的是，我们无法将那些人称为食人族。

弗雷族的怪病：库鲁病

弗雷族的食人风俗之所以被广为流传，其实是因为一种怪病。20世纪50年代，一种怪病在弗雷族里肆虐，澳大利亚派遣至当地的调查团汇报了以下内容："一名染病的女性患者，因病况迅速恶化而身体无法站立，仅能躺卧于家中，而且几乎无法进食，肢体会剧烈颤抖直到死亡。"由于该病会让人全身剧烈颤抖，所以人们取当地语言中的"库鲁"（kuru）一词作为病名，意即"颤抖"。此外，病人还会不由自主地发出笑声，因此库鲁病也被称为"笑病"。

库鲁病的潜伏期很长，一般潜伏5~20年，甚至长达40年。在2005年死亡的患者中，有人早在20世纪60年代就已感染。库鲁病的潜伏期虽长，但发病后患者通常会很快死亡。病症一旦出现，患者最短活3个月，最长活2年。发病期间，患者不仅全身无力、无法行走，而且吞咽会变得越来越困难，甚至言语及排泄功能也会逐渐丧失，最后通常是因肺炎、饥饿或褥疮感染引起的并发症而死亡。

对当时的西方学者来说，库鲁病既陌生又诡异。美国国家卫生研究院的丹尼尔·盖杜谢克（Daniel Gajdusek）博士在研究当地原住民感染疾病的过程中，第一次了解了库鲁病。进一步研究了相关资料后，他发现其中出现了“弗雷族是食人族”的内容，便开始怀疑库鲁病可能与食人风俗有关。盖杜谢克博士也注意到，库鲁病的主要患者都是食用死者脑部的女性与孩童。

盖杜谢克博士怀疑，库鲁病的病因就藏在这些人食用的脑部组织中。于是，他将死去病患的脑部组织移植到黑猩猩身上。两年后，黑猩猩也出现了相同的病症。经过更进一步研究，他查出引起库鲁病的病原体，原来是一种叫作“朊病毒”的蛋白质，传染途径是人们食用受感染的肉类，这一点也十分罕见。朊病毒是一种结构特殊的蛋白质，会诱发其他蛋白质产生病变。长期以来，医学界普遍认为传染病的病原体都是微生物，而这种以蛋白质形态进行传染的病原体从未被真正发现过，科学家甚至一度怀疑它的存在。通过对库鲁病的研究，医学界才证实了朊病毒确实存在。

癌细胞是通过细胞分裂繁殖出新的癌细胞，朊病毒则会让周围的细胞逐渐变质。科学家后来又发现了几种因朊病毒引发的疾病，如疯牛病或克-雅脑病。因此，朊病毒的发现可谓医学史上划时代的成就，而盖杜谢克博士也在1976年获得诺贝尔医学奖。

在盖杜谢克博士之前，没有人想过库鲁病会是因为食人行为而感染的疾病，因为弗雷人不吃病死的尸体，但库鲁病是个例外。弗雷族认为这是一种精神上而非生理上的疾病，所以他们会吃因库鲁病致死的尸体。20世纪50年代末至60年代初，有1000多人染上库鲁病而死亡（前面所述2005年病死的患者，正是于此时感染的最后一批牺牲者）。至于库鲁病是如何开始肆虐的，目前科学家的假设为：库鲁病的感染途径不只是食用库鲁病致死的尸体的脑部，还有身体上的开放性伤口接触因库鲁病而死的尸体。当时，一名弗雷族人因罹患库鲁病而死亡，而负责肢解尸体的女性手上极可能有伤口，因而受到感染。

02

★

只管“生孩子”的爸爸

“猴子屁股红，红红的苹果，苹果好好吃，好吃的香蕉……”小时候，我常会和朋友开心地唱着这首儿歌，但走进动物园仔细看看猴子的屁股，我发现虽然坐着的那一块有浅浅的粉红，却不是真正的红色。这是怎么回事?

儿歌歌词其实并没有错，只有母猴，而且只有在特定期间它们的屁股才会变成红色的。母猴屁股变红，表示它正处于发情期。一般来说，母猴只有在发情期才允许公猴接近并进行交配。它通过红屁股发出信号，促使想要交配的公猴们进行激烈的竞争。母猴会如此善用发情期，全是为了确保自己的下一代能拥有最优良的遗传基因，自然也会细心养育刚出生的幼猴。然而对类人猿来说，它们只有“妈妈”，没有“爸爸”。

这句话是什么意思?凡是进行有性生殖的动物，怎么可能会没有爸爸?俗话说:“父母养育之恩，重如山，深似海。”但是除了人类，其他灵长类动物确实没有这句话中所指的那种爸爸。

大猩猩与黑猩猩，不同的交配模式

自然界中不会有白白浪费宝贵资源之事，动物交配孕育后代也是如此。雄性的生育能力可谓无限强大（至少从理论上来说是这样的），不仅拥有数量庞大的精子，而且能与众多雌性进行交配，无论对方是否已经受孕。雄性此生的目标，就是尽可能把精子传递给更多的雌性，传递的精子越多，繁衍出更多后代的概率越大。

相较之下，雌性的生育能力十分有限，不仅卵子数量少，而且从怀孕、生产到哺乳的这段时间内无法再次受孕，所以当机会来临时，雌性只会选择最优质的精子。可以说，雌性重质不重量，雄性则完全以量取胜。由于雌雄两性在繁衍后代的立场上大相径庭，因此两方必须采取完全相反的策略。

对大多数的类人猿来说，雄性之间竞争的激烈程度，取决于养育后代所需要付出的辛劳程度，以及雌性在发情期间可以交配的雄性数量。一般而言，雌性付出越多心力来照顾幼儿，雄性就越不需要参与照顾的工作。相反，若雌性不太照顾幼儿，这个责任就会落到雄性身上，因为雄性在怀孕及生产过程中付出的精力相对较少，剩余的精力便会倾注在照顾后代上。

如果所有雌性都在同一时间发情会怎样呢？那么雄性只会在有受孕机会的发情期内接近雌性，其他日子则无须在雌性身上浪费时间与精力，并不需要一年到头都守在雌性身边。这样的策略实在是相当经济。

不过，这也代表着所有雄性都会在同一段时间内向着雌性蜂拥而上，大家都想繁衍后代，怎么办呢？为了独占与雌性交配的机会，雄性必须互相打斗以获取胜利。那么，宝贵的发情期不就因为打架而浪费掉了吗？为了避免这种情况发生，雄性平时就会通过打斗来决定阶级地位。一旦阶级确立，在发情期间只有地位高的雄性才能接近雌性，并从容不迫地专心交配。拥有领导地位的雄性通常只要一声威吓就能控制住场面，然而这样的控制往往无法依靠单一的雄性力量，而是由几个地位高的雄性联合起来吓走其他落败的竞争者。这种行为模式对胜者十分有利，败者则可能永远不会再有交配的机会。可事实上，雌性才是其中真正的胜利者。雄性之间会自动优胜劣汰，只有最强壮、最优秀的雄性才能与雌性交配，这大大减少了筛选对象的麻烦，雌性应该会想拍手叫好吧。

动物在互相竞争时，胜负通常取决于体形与尖牙，这两种特征越强大，雄性就越有优势。类人猿中有这样的物种吗？有的，大猩猩就是一个典型例子。公母大猩猩在体形、头骨与尖牙大小上有着相当显著的差异。两性在外观上的差距，决定了雄性群体竞争的激烈程度。相较于雌性，雄性的体形越巨大，说明雄性间的竞争越激烈。而母大猩猩发情时，只有胜利的公大猩猩才能接近。

也有完全相反的例子，那就是黑猩猩。每只母黑猩猩的发情期都不一样，这就意味着一年365天里，天天都有等待受孕的母黑猩猩。这种情形反而让公黑猩猩相当苦恼，它们不仅一年到头都必须追着母黑猩猩，而且得防范其他公黑猩猩（大猩猩只会在发情期稍加看守），无论精力多旺盛的公黑猩猩都会觉得应付不来。母黑猩猩也同样焦虑，它们可不像母大猩猩那么好命，只要舒服地坐着等待，就会有经过认证的强壮公黑猩猩靠近。

于是，黑猩猩发展出了与大猩猩截然不同的交配模式，母黑猩猩会与尽可能多的公黑猩猩进行交配。当然，公黑猩猩也抱着同样的想法。群居的黑猩猩虽然也有首领，但公黑猩猩之间不会专门通过打斗来决定阶级地位，无论是谁都可以接近正在发情的母黑猩猩。

群居的黑猩猩一年到头都可以进行交配，那公黑猩猩要靠什么来击败其他对手以繁衍自己的后代呢？答案就是靠自己的精子。它们会尽可能传递更多的精子，与其他公黑猩猩的精子一较高下。在这种情况下，领先对手的秘诀就在于如何制造出数量庞大的精子，而这不需要巨大的体形，只要有足够大的睾丸就可以。所以，公黑猩猩、母黑猩猩在体形或头骨上的差异虽然不大（只有尖牙的差异较大），但从身材比例上来看，在类人猿中，公黑猩猩的确拥有特别大的睾丸。

人类的繁衍策略：当个好爸爸

母黑猩猩与公黑猩猩完成交配，生出小黑猩猩，但它的卵子到底选择了哪只公黑猩猩的精子？这一点无从得知，也就无法确定孩子的爸爸是谁。母大猩猩就能明确知道孩子的爸爸是谁吗？也不一定。公大猩猩的地位再高，也不能保证能够成功繁衍出自己的后代。甚至有研究指出，比起群体中那些中间阶级的公大猩猩，地位最低的雄性反而容易接近雌性，在繁衍后代上更有利。因为强壮的大猩猩会直接排挤中间阶级的大猩猩，对那些瘦弱的雄性“不屑一顾”，甚至放任不管。每当高阶的雄性忙着争夺地位时，未参与打斗的低阶雄性就会与雌性一起玩耍，讨它们欢心[1]。这么一来，大猩猩就变得与黑猩猩一样无法确

---

[1] 有些成年的公大猩猩虽已具备生殖能力，但第二性征却不明显，看起来好像尚处于青少年期，这会降低母大猩猩的防备，因而交配成功。这并不是刻意设计的策略或行为模式，而是充满挑战的群体环境诱发压力激素，导致体形或性征发育迟缓。

定孩子真正的爸爸是谁。

无论是哪一种交配模式，雄性都无法保证“雌性生下的是继承了自己基因的幼子”，因此雄性类人猿对幼子不会有任何感情，只会专注于交配，并不会把精力浪费在照顾后代上。所以我才会说“类人猿没有爸爸”，因为在类人猿的世界中，会养育幼儿的雄性并不存在。

但人类不一样，人类男性的体形不像大猩猩那般强壮巨大，睾丸大小也不如黑猩猩，所以他们采取了与其他灵长类动物迥然不同的行为模式——精心养育子孙后代。

想象一下四五百万年前用双脚行走的人类，怀孕或是哺乳期的女性移动起来会有多么不便，她们只能在有限的范围内走动，只能将身边的植物作为食物。相反，身上没有负累又能自由运用双手的男性可以到更远的地方去打猎，还能用他们得到的肉类去换取利益，而最大的利益莫过于博取发情期女性的欢心。如果对象是怀孕或哺乳期的女性呢？讨她们欢心无益于繁衍自己的后代，不如再去找其他女性，所以就别浪费时间带食物给她们了吧！但如果女性腹中的孩子或被哺乳的幼儿是自己的，那就另当别论了。因为分享食物给他们，从繁衍后代的角度来看是绝对有益的。

女性会隐藏发情期吗?

要让男性提供食物，前提是必须确认孩子继承了该男性的基因。如果不是自己的孩子，男性就等于是为了守护别人的基因而白费力气。那要如何才能确保女性肚子里怀的一定是自己的孩子呢？只要像大猩猩一样，一直守在发情期女性的身边，不让其他男性靠近就行了。

现在换到女性立场上想一下，男性不断提供肉类和保护，对女性的生存来说是十分有利的。女性的发情期顶多每个月一两天，那其他日子不就没有肉吃了？所以女性发展出一种伪装策略，只要假装自己总是处在发情期，就能持续得到肉类。为了彻底伪装，女性不仅要蒙骗男性，甚至还要自我欺骗，久而久之，连女性自己都搞不清楚自己真正的发情期是什么时候。

于是，无法确知发情期的人类变得可以随时交配，这样，男性也会守在同一名女性身边。

一个男性与一个女性，以性与食物作为媒介组成搭档，进而进化出男女分工、建立核心家庭与直立步行等一整套行为模式，这就是“洛夫乔伊的假说”，出自美国肯特州立大学社会人类学系的欧文·洛夫乔伊（Owen Lovejoy）教授。他于1981年在著名学术期刊《科学》中发表了《人类的起源》（*The Origin of Man*）一文。这篇文章引起社会大众激烈的讨论，也让他声名大噪。

一些人类学学者想进一步验证这项假说是否属实。如果洛夫乔伊教授的观点正确，我们就应该能在早期人类身上发现直立步行的痕迹，再加上男性之间的竞争比较温和，因此可以推论出男女在体形与尖牙上的差异不会太大。

如果观察长期被认为是人类祖先代表的“阿法南方古猿”，我们就会发现这个推论只对了一半。虽然阿法南方古猿的尖牙比现代人类的牙齿大，却比黑猩猩或大猩猩的尖牙小，两性体形的差异同样介于现代人类和大猩猩之间。科学家从这些特征推测出，阿法南方古猿与现代人类和大猩猩不同，应该具有另一种特殊形态的两性关系。

2009年的《科学》期刊中刊载了关于“始祖地猿”（*Ardipithecus ramidus*）的大规模研究结果，它们是比阿法南方古猿更久远的早期人类。洛夫乔伊教授的科研团队也参与了此研究，通过解剖学上的特征分析，他们最后得出了一个结论：始祖地猿是直立步行的物种，雌雄两性间的体形差异不大。这表示洛夫乔伊的假说是正确的吗?

洛夫乔伊错了吗?

洛夫乔伊的假说引起轩然大波，特别是女权主义者对此表示强烈反对。人们过去总认为核心家庭是资本主义与市场经济运作下的副产品，但如果洛夫乔伊教授的观点正确，那么婚后男人外出赚钱，女人用这笔钱来持家与养育孩子的这种模式，就会被认定是自古以来烙印在人类基因中的一种宿命。换个角度来看，这也可以被解释成从数百万年前开始，女性就会为了获取食物而向男人提供性。女权主义者认为洛夫乔伊的假说并非人类起源的学说，只是男性对于无限性爱的一种幻想。

从最近30年的研究结果来看，洛夫乔伊的假说很有可能是错的。首先，人类不是唯一会在发情期外有性生活的动物，如海豚，而在血缘上与人类最亲近的倭黑猩猩（*Pan paniscus*）也随时都能发生性行为。然而，这些动物并没有组成核心家庭。

更令人惊讶的是，人类根本不会隐藏发情期，这与洛夫乔伊的看法亦有所出入。处于发情期中的女性，其言谈举止会不自觉地与平时不同，而男性也会不自觉地做出相应反应。从人类学的研究结果来看，女性在排卵期时，不仅会声调变高、食欲降低，而且会将自己打扮得特别漂亮。男性则会不自觉地被排卵期女性的气味吸引并靠近，分泌睾酮。更神奇的是，男性会随着当时自己是否有伴侣，而对排卵期的女性做出不同反应。换言之，一名男性哪天若是突然觉得某位女性格外有吸引力，或许就是雄激素在作祟。

黑暗中的黎明：人类“爸爸”诞生

事实上，人类的家庭结构是非常特殊的，尤其是成员中一定会有一位成年男性，这与其他灵长类动物截然不同。灵长类动物的基本社会单位通常是一对母子，妈妈生下幼儿后便会一直照顾它，直到它长大成年并且能独立谋生。虽然其他雌性偶尔会帮忙照看年幼的孩子，但养育幼子的责任仍是由妈妈独自承担。相较之下，人类在养育孩子的过程中，通常会接受来自第三方的协助，两人共同陪伴孩子成长，或是提供养育孩子所需的物质条件。在一般的家庭中，这个第三方角色指的就是爸爸。

大部分的雄性动物为了繁衍后代，必须从同性间的激烈竞争中取胜，这导致它们一生都专注于地位排名与打斗，却不怎么关心（可能是自己的）幼子。人类爸爸则是一大例外，他们在家庭中恪尽父职，毫不吝啬地在孩子身上投注真情、父爱以及大量的时间与物质。按照洛夫乔伊教授的论点，人类爸爸之所以会出现这些行为，全是因为孩子继承了自己的基因。但奇怪的是，人类男性与其他类人猿一样，并没有办法确定孩子是否真的继承了自己的基因。现代人当然可以通过DNA鉴定来证实这一点，但很少有人真的去做。大多数人只是单纯地相信，并不由自主地对孩子投入巨大的心血，这一点非常耐人寻味。这或许说明人类的爸爸不只是生物学上的爸爸，更是一种文化上的概念。换言之，人类在一夫一妻制度下，男性“相信”太太生下的孩子就是自己的，自然而然就成了孩子的爸爸。

人类对于父亲的定义已超越了生物学上的亲子关系，而是由一种肉眼看不见的精神层面上的“信任”所孕育出来的。这使得男性在生理上也相应进化出另一种状态。男性在结婚生子后，体内分泌的雄激素会逐渐减少。在生物学中，雄激素掌管了“雄性化的表征”，这表示男性在成为爸爸后，“雄性动物的野性”会慢慢消失。

洛夫乔伊的假说如今已渐渐站不住脚，男性与女性不再只是单纯生物学上的雄性与雌性，更进一步进化出社会与文化上的意义，甚至可以说是一种极致人性上的存在，人类爸爸就是这样一个最好的证明。

准爸爸的“拟娩综合征”

由于时代背景与社会风气的改变，因此历代父亲的形象有着天壤之别。在过去的父权社会中，父亲并不会直接参与孩子的人生，而是在背后提供资源。父亲与孩子通常住在不同的房子里，即便是同一个屋檐下，父亲为了工作早出晚归，父子常常很难见上一面。尽管孩子在生活中和母亲比较亲近，但人生中的重大决定仍是由父亲替他们做抉择。“严父与慈母”正是父权社会中经典的家长形象。

不过到了21世纪，好爸爸的形象不一样了。他们会陪怀孕的太太一起做产检，或是在产房为太太加油打气，当然也会亲手照顾自己的孩子。爸爸拿着装有母乳的奶瓶，定时喂宝宝一日三餐的景象，对现代人来说早已不再陌生。

除了共同承担育儿责任，许多准父亲甚至会与怀孕的太太一样出现害喜（恶心、呕吐)、体重增加、腹痛，或是在分娩过程中因太投入而产生焦虑、紧张等情绪。

在人类学中，这种模拟怀孕的经历被称为“拟娩综合征”(Couvade Syndrome)。得了拟娩综合征的男性不仅在生理状态上出现变化，而且在心理层面会受到很大影响。准爸爸的内分泌很有可能会随着太太怀孕而发生变化，但不管怎么说，这也代表了生物学与文化是如何帮助男性学习成为一位父亲的。

03

★

谁是最早出现的人类？

谁是最早的人类？他们长什么模样？他们是从何时开始出现的？这3个问题之间的关系错综复杂，人们通常以为这些问题都有明确且固定的答案，但像古人类学中的其他问题一样，各界对于人类祖先的看法并不一致，答案当然也就不尽相同。不过，目前人类学学者一致认为，人类的祖先来自700万至500万年前的非洲大陆。以这个论点为基础的话，有3个在21世纪发现的全新物种，正在激烈角逐人类祖先的宝座。

然而早在2000年之前就被发现的另外3位候选者，同样有可能是人类的祖先。虽然他们生存的年代在420万至300万年前，但相较之下，他们身上的证据似乎更为确凿。那么，究竟哪一个物种能夺下人类祖先的头衔呢？

脑袋要够聪明，才能成为人类的祖先？

在判断某个物种化石是否属于人类之前，我们必须先对人类祖先的样貌达成共识。达尔文指出了人类的四大代表特征，分别是“硕大的脑袋”“细小的牙齿”“直立步行”与“懂得使用工具”。虽然这四大特征早已不是绝对条件，但对于古人类学家如何假设与判别人类的祖先还是有很大的影响。

首先，要想取得人类祖先的“资格”，候选者必须满足上述条件中的其中几项，反过来看，这些条件也是我们人类进化的线索。相较于其他动物，人类最明显的特征就是拥有一个大脑袋。人类的脑袋真的很大，在相对比例或质量上都不容小觑。感谢这样的“大”脑，人类才有智力和能力处理大量的信息。每种生物的学名通常会点出该物种最显著的特征，人类物种的名称——智人（*Homo sapiens*），即代表“有所知晓的人、有智慧的人”。

所以，每当论及人类祖先的特征时，学者一定都会推测他拥有一个大脑袋，言下之意为其他特征都是在这之后才出现的。1912年于伦敦近郊发现的“皮尔当人”（Piltdown Man），正是顺应这种期待而出现的范本。皮尔当人凭着大脑袋与可怕的尖牙，成为人类祖先候选者，并让当时的英国人感到骄傲不已。然而荒唐的是，直到20世纪50年代，科学家才揭穿了这场骗局——皮尔当人的化石是用中世纪现代人类的头骨以及类人猿的牙齿和下颌骨拼凑成的赝品。

20世纪60年代，科学家发现了更多原始类人猿的化石，而“人类必定于1000万年以前诞生”成了当时的主流观点。人类学学者从存在于约1000万年前的“原康修尔猿”（*Proconsul*）与“腊玛古猿”（*Ramapithecus*）化石上，发现了笔直的前额与线条柔和的眉骨，便以此为依据，提出这些类人猿是人类最早的祖先。

两足步行的进化早于大脑？

1967年，加州大学伯克利分校的文森特·萨里奇（Vincent Sarich）教授和艾伦·威尔逊（Allan Wilson）教授共同发表了一篇简短的论文，彻底打破了学术界对于人类起源达成的共识。这项重大发现并非来自遗迹挖掘现场，而是生物学的实验室。科学家通过生物学与遗传学研究发现，人类与大猩猩的系统分化始于800万年前，与黑猩猩的系统分化则是在

500万年前左右。这意味着过去被认为是人类祖先的原康修尔猿或腊玛古猿，只是生存于1000万年前的人类远亲，并不是人类的祖先或近亲。

但问题是，当时几乎没有化石资料可以支持这个论点。在20世纪70年代，最古老的人类化石是20世纪20年代在南非发现的“非洲南方古猿”（*Australopithecus africanus*），但他们生活在300万至200万年前，要当人类的祖先可能还太“年轻”。

从1973年开始，一些人类学家如玛丽·李基（Mary Leakey）和唐纳德·约翰逊（Donald Johanson），在东非陆续挖掘出许多古人类的化石，其中以埃塞俄比亚的哈达尔遗址与坦桑尼亚的利特里遗址最具代表性。经放射性鉴年法检验得知，这些化石有300万至350万年的历史，是当时年代最久远的人类祖先化石。它们被归为一个全新的物种，并被命名为“阿法南猿”。由约翰逊带领的挖掘小组发现的“露西”（一具成年女性的骨架化石）正属于此物种。

阿法南猿的化石被认为是古人类学的划时代发现，除了因为它是当时最古老的人类化石，还有另外一个原因：它证明了人类进化出硕大脑袋之前，就已经能用双脚站立并行走了。阿法南猿的头颅与黑猩猩差不多大，牙齿比现代人大，而且没有明显的证据表明它们会使用工具。不管怎么看，它们都比较像是黑猩猩的祖先。但有一点非常不同，那就是它们用两只脚走路。

阿法南猿的骨盆、股骨（大腿骨）和膝关节的形状，都显示出直立步行的迹象。此外，利特里遗址的“双足弓”足迹化石，更清楚地留下了两足步行的证据。双足弓是人类脚掌独有的特征：纵向足弓支撑双脚向前奔跑，横向足弓维持左右摇摆时的平衡，两者都能缓冲脚掌与地面接触时的冲击。阿法南猿的出现造成了所谓的“标准转移”，两足步行取代了大脑袋，成为判定人类祖先的决定性因素。而这一改变让阿法南猿在人类祖先头衔的争夺战中，着实卫冕了一段不算短的时间。

但冠军的光环并没有持续太久，20世纪90年代中期以后，又有好几个比阿法南猿更古老的人类化石被发现。距今420万至390万年前的“湖畔南方古猿”（*Australopithecus anamensis*，简称湖畔南猿）正是其中之一。关于湖畔南猿能否成为人类祖先的第三位候选者，尚存在许多争议。虽然从它们的胫骨（小腿骨）来看确实为两足步行，可是其他的特征都与阿法南猿极为相似。能否将它们区分为新物种，只能交由时间来验证了。

新候选者登场

进入21世纪后，情况变得更复杂了。3个年代更久远的新候选者出现，这使争夺人类祖先头衔的竞争趋于白热化。到底谁能为全人类带来黎明的曙光？

新登场的前两位候选者，都是在1999年才被挖掘出来的。首先是乍得共和国的“乍得沙赫人”（*Sahelanthropus tchadensis*）化石，又被称为“图迈”（Toumaï），在当地语言里意为“生命的希望”，它们的生存年代推测为700万至600万年前。大部分早期人类化石都来自东非与南非，而这次出现在中非，令科学家感到十分意外。可惜这次挖掘到的只有一个变形的头骨、一颗牙齿和一个下巴，证据实在有点不足。早期人类除了两足步行以外，头骨大小与其他类人猿相似，所以无法光靠头骨判断乍得沙赫人是否能用双脚行走，也无法确切判定它们是属于人类还是类人猿。一些人类学学者甚至认为，此物种的头骨形状和质地与大猩猩更为接近。

第二位候选者是在东非肯尼亚出土的“图根原人”（*Orrorin tugenensis*）化石，生存年代同样推测为700万至600万年前。科学家从该股骨化石上发现了直立步行留下的痕迹，所以将其列为人类祖先强有力的竞争者之一。

如果图根原人或乍得沙赫人能被证明是人属物种，人类诞生的时间点就能追溯至700万至600万年前。但它们也很有可能是人类与黑猩猩分化前的共同祖先，或者它们根本就属于类人猿。因为这两大候选者只有寥寥几块化石，研究的不确定性也很大。在这种暧昧不明的情况下，出现的另一位强有力的候选者，让科学家将人类祖先诞生的时间点往后调整。

这就是从埃塞俄比亚的阿拉米斯挖掘出来的“始

祖地猿”化石，距今约有440万年，年代比前两大候选者都晚（但比阿法南猿或湖畔南猿久远）。2009年，科学家公开了始祖地猿的全副骨架，在当年年底被美国科学期刊《科学》评为“年度大发现”。它的出现的确为人类学甚至整个科学界带来了巨大的冲击。

假设再次被推翻：不是两足步行？

为什么始祖地猿会掀起轩然大波？它们除了拥有修长的手臂、硕大的手掌与短小的粗腿，还有如拇指般向侧边生长的脚拇指，而这个脚拇指正是问题的关键。与平稳站立步行的物种不同，脚拇指是在林间攀爬的类人猿身上才有的特征。如果是两足步行，脚拇指应该会比其他脚趾大，并与其他脚趾平行向前生长才对（如同我们的脚拇指）。但始祖地猿的脚拇指却表现出它们除了会用双脚行走，还会在树木上攀爬。因此，20世纪后期几乎被认为是定论的假设——“最早的人类是用双脚走路的”这一基本观点变得站不住脚。

若将始祖地猿的生存环境也考虑进去，则问题将会变得更严重。有学者提出，人类之所以会进化为直立步行，主要是因为500万年前非洲的林地逐渐减少。在目前尚存大片森林的西非地区，生存在树林里的类人猿进化成现在的黑猩猩与大猩猩；兼有森林与草原的东非地区，在草原活动的类人猿存活下来后进化成了人类。但始祖地猿主要的生存环境是森林而非草原，这等于让“人类为了适应草原环境才进化为直立步行”的假设也备受质疑。

当然，始祖地猿也有可能不是最早的人类。这3位候选者都具有太多不确定性，它们很有可能根本不属于人类，而是在人类与黑猩猩分化之前就已生存在非洲大陆上的类人猿。换言之，它们很有可能是人类与黑猩猩的共同始祖，所以从它们身上自然能观察到类似类人猿的特征。若真是如此，则人类祖先的头衔将会还给阿法南猿或湖畔南猿，而人类出现的年代也会被调整为300万年前。

究竟谁才是最早出现的人类？他们长什么模样？这些问题自160年前达尔文提出进化论以来就不断被

讨论。相关争辩未曾停止，各种相斥的观点接连出现。新的研究和发现可以帮助我们缩小名单，或是提出新候选者。或许就在我们阅读这段文字的同时，人类祖先的样貌再度产生令人震惊的改变。如同进化论本身不断地在修正，关于人类起源的研究也将通过一连串的提问，让我们在持续进化中找出答案。

最早的人类会“使用工具”吗?

“使用工具”一直被认为是拥有智慧的人类的代表性特征之一。英国考古学家李基夫妇发现的“能人”(*Homo habilis*),就是以“有智力制作器具的人”来命名的。换个角度来看,人类之所以不同于其他物种,正是因为我们懂得制造与使用工具。那么,最早的人类会使用工具吗?答案是,不会的可能性很高。目前已挖掘出的年代最早的人造石器距今约有250万年,这比目前已知最早的人类出现时间要晚。

早期人类的脑容量与现在的黑猩猩和大猩猩的差不多,为350至400毫升,对人属的成员而言,这个数值偏小。但考虑到考古学资料中记载了黑猩猩会使用工具这一点,所以我们不能完全排除早期人类会使用工具,或未来会发现这种证据的可能性。此外,并不是所有材质的工具都能以化石的形态保留下来,通常只有石器才可以历经几万

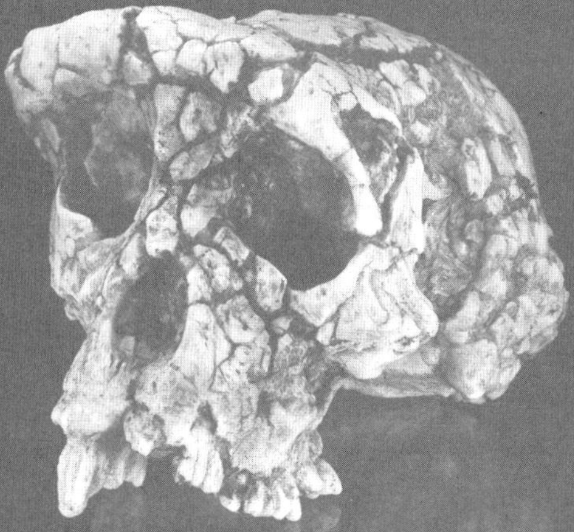

★

乍得沙赫人的头盖骨化石，推测年代为700万至600万年前。

年不腐坏。

1996年在埃塞俄比亚出土的“惊奇南方古猿”（*Australopithecus garhi*）就是一个典型例子，其年代测定为250万年前左右。一同被发现的还有制作技巧类似奥都威工艺的石器，它们用两块石头互相敲击，再拿破碎石块的锐利边缘来切割东西。此外，从遗址中挖掘出的兽骨化石上也有被石器切割过的痕迹，这些就是目前最早的石器使用记录。令人惊讶的是，惊奇南方古猿的脑容量只有450毫升，与黑猩猩或其他南方古猿相比并没有大多少。这相当于证明了有能力制作与使用工具，不一定需要很大的脑容量。

04

★

大头宝宝与烦恼的妈妈

迎接新生儿的诞生，通常是女人一生中最喜悦也最辛苦的一件事。在医学尚不发达的年代，女性其实是冒着生命危险在怀孕，因为许多人会在分娩的过程中死亡，也有不少人将孩子生下后，因子宫出血过多或受到感染而死亡。

幸好，随着医学进步，现代孕妇在分娩时死亡的案例已相当少了。麻醉药物减轻了生产时的剧烈疼痛，要是遇到紧急状况至少还能采取剖宫产术。但无论如何，生孩子都会让许多女性感到十分担忧与焦虑。

从进化的观点来看，传宗接代、孕育新生其实算是人生的一大成功，这代表着我们安然度过孱弱的儿童期与青少年期，发育成熟后正式进入了繁衍期，并且有能力照顾后代。因此，生产应该是一个值得被祝福的时刻，大部分动物都能顺利分娩。可对人类来说，生孩子变成了一件非常危险的事。这到底是怎么回事呢？

头部越来越大，产道越来越窄

大多数动物宝宝的头部比母体产道窄，所以动物生产时通常不会有太大困难。相较之下，人类胎儿的头部却大得多，母体产道也比较狭窄，这意味着人类在分娩时势必历经千辛万苦。

生活在500万至400万年前的早期人类，在许多方面都与类人猿十分相似，甚至约450毫升的脑容量也与黑猩猩差不多，差别只在于人类是用两只脚走路（参见第3章）。后来，人类的脑袋变得越来越大，在200万年前增加到约900毫升，紧接着又在10万年前增加到与我们现在差不多的1400毫升。但重点是，人类的体形大小却从200万年前就不再有明显变化。

身体的大小没有改变，只有头部逐渐变大，许多令人苦恼的问题也随之出现。为了顺利产下大头婴儿，人类的骨盆应该越宽越好，这样母体的产道才能跟着变宽一些。但若想平稳地直立步行，骨盆反而要越窄越好，这样双腿才能快速地前后移动。如果双腿间距太开，则行走时身体容易晃动，进而耗费不必要的能量。人类如何解决这两难的困境？要顺利分娩还是直立行走？最后我们显然选择了后者，所以人类母亲必须忍耐前所未有的苦痛，让大头的婴儿从狭窄的产道生出。

为了顺利生下头部比产道更宽的婴儿，怀孕女性体内会分泌松弛素，让全身的关节和韧带变得松弛柔软，使骨盆可以容许比平常更宽的东西通过，为分娩的那一刻做准备。但就算韧带再松，也不能保证顺利产下胎儿，而在生产结束后，松开的骨盆也无法百分之百恢复成原来的状态，所以才会有那么多人觉得生完孩子后穿衣服不如以前漂亮。体重虽能回到怀孕前的水平，但体态的变化却无可避免，对生过数胎、骨盆反复开关的女性而言，这像是永远无法恢复的伤。

分娩的过程其实也有可能给宝宝带来伤害。仔细观察猴子后，我们会发现母猴生产时采取蹲坐的姿势，好借助“地心引力”来生孩子。猴宝宝进入产道时，脸会朝着母猴肚脐的方向，所以从产道里刚露出头的猴宝宝自然是面向母猴身体前面。此时蹲坐着的母猴会伸手把宝宝拉出来，然后将其直接抱在怀中。

在妈妈协助下诞生的猴宝宝，一出生就能一边看着妈妈的脸，一边吸吮奶水。

人类的分娩：一个人搞不定

相较之下，人类的分娩情况可说是180度的大转变了。产妇的子宫会进行收缩，不断从后方将胎儿推挤向前，胎儿也得靠自己拼命向前挤才行，因为前方产道真的太窄了。若想顺利出生，胎儿必须自行转向以适应产道。

多亏了美国德拉华大学的人类学教授克伦·罗森伯格（Karen Rosenberg）和新墨西哥州立大学的人类学教授文达·崔瓦森（Wenda Trevathan）两人的研究，大众才看到了人类分娩的全过程。分娩过程中，胎儿的后脑勺最先进入产道，此时他的脸是朝着妈妈脸部的方向（和其他灵长类动物一样），若是一直处于这种状态，则胎儿出生时应该也是脸朝向妈妈的脸部。但人类的产道比较窄，胎儿进入产道往下滑落一段后，为了让肩膀配合产道的形状，会进行第一次转身；再稍微前进一段后，产道的形状又会改变，此时为了让头部配合产道形状的变化，胎儿便会进行第二次转身。

当胎儿的头部被挤出产道时，其脸部的方向与一开始相比已经转了180度，正好面向妈妈的背部，与生出来的猴宝宝完全相反。在这种情形下，分娩中的女性无法像猴妈妈一样，自己伸手去把胎儿拉出来，因为在这个鲁莽的过程中，很可能会造成胎儿颈部向后折断，必须由旁人将新生儿接住再转交到妈妈手上。这意味着人类在分娩时必须有其他人在场协助才行。

一般情况下，雌性动物在感觉到生产的阵痛时，会自己找一个安静的地方待产，而这个地方通常是事先准备好的。若有人冒冒失失地靠近阵痛中的雌性动物，母亲可能会在受到惊吓之余咬死刚出生的幼子，因此，动物生产时必须独自待在一个让它觉得安全、安静的环境。但是想象一下，若是我们的妈妈们在田里锄草锄到一半，突然消失一阵儿跑去生孩子，生完又回来继续耕作，这种女超人一般的传奇故事，应该会被众人津津乐道吧。

但人类与其他动物不同，即将临盆的女性感觉到宫缩阵痛时，并不会想要独自一人待着。皮质醇分泌过多而导致阵痛不规律，严重时甚至会让分娩中途停止，因此，产妇需要她可以信赖依靠的人陪伴在身旁。

在人类漫长的历史道路上，在现代医疗体系建立之前，陪同产妇分娩的往往都是她的母亲、姐妹、即将成年的长女或是非常熟悉且经验丰富的女性。她们从产妇开始阵痛时就陪伴在她身旁，在紧要关头教导产妇如何有效地推挤出胎儿，并稳稳接住刚出生的宝宝，再交到妈妈手中。为了让妈妈安心地与新生儿相处，她们还会帮忙处理后续事务。原来我们每个人从诞生的那一刻开始，就接受了他人的协助，这也意味着人类一出生就是社会化动物。

这是人类真正的起源？

这种非常“社会化”的分娩行为，在人类进化史上是从何时开始的？照理来说，研究女性骨盆与新生儿的化石应该就能得知一二，但这其实相当不容易。因为新生儿几乎不会以化石的形态留存下来，再加上数量稀少的人类骨盆化石以男性居多，所以我们很难通过化石获得有关人类分娩的信息（骨架完整的女性化石“露西”可谓非常罕见）。

2008年，瑞士苏黎世大学的玛西亚·庞塞·德莱昂（Marcia Ponce de León）教授与克里斯托夫·佐里科夫（Christoph Zollikofer）教授共同发表了一项非常珍贵的研究结果。他们使用电脑断层扫描了尼安德特人的新生儿与幼儿头骨化石，发现尼安德特人也经历过艰辛又痛苦的分娩过程，胎儿出生时同样必须转身两次，该研究结果证明了社会化的分娩行为至少可以追溯到约5万年前。

不过，尼安德特人并非第一个生出大头宝宝的人类祖先。2008年，《科学》期刊发表了一篇关于直立人（*Homo erectus*）女性骨盆的论文。从埃塞俄比亚贡纳地区出土的直立人骨盆化石，其年代早于尼安德特人，其形状及构造却与现代人类女性的骨盆有着惊人的相似之处。通过骨盆重建，我们可以看出直立人的产道前后径更为狭窄且扁平，这与现代人比较相像，与久远的人类亲戚——女性阿法南猿“露西”则有着显著差异。于是研究小组得出了以下结论：大约200万年前直立人出现时，人类就很有可能产下了大头胎儿。

在寻找最早出现的人类时，科学家会依据几项关键特征来判定该物种是否为“真正”的人类。我认为，也许该在这份清单中加入“从诞生那一刻便融入‘社会’”这项特征。大脑袋之所以为人类独有的特征，并不是因为高智商，而是让我们必须接受他人的协助才得以平安诞生。若从这个角度思考，直立人则可以算是最早的人类。

产妇分娩时，家人请一同陪伴

不知从何时开始，分娩与我们的日常生活已渐行渐远。即便不采取剖宫产的方式，大多数的人也会选择住在医院里待产。然而现代医学的卫生观念以及在医院里生产的各种方式，都与人类的进化规律背道而驰。医生应该让产妇上半身直立坐着，顺着地心引力的方向生下孩子，而且最好从阵痛开始时，就要有产妇信赖的人在身旁陪伴。

然而，医院的医疗团队皆由陌生男女组成，不仅将亲属家人隔绝在产房外，而且让产妇以躺卧的姿势来进行分娩，这容易造成产妇过度紧张而导致宫缩阵痛停止，情急之下只好改为剖宫产。许多医院听到了外界的批评，渐渐改让产妇以上身直立坐姿进行分娩，同时设立亲属陪产制度，让家人与产妇一同经历阵痛、生产、产后恢复等过程。国外也开始有助产士前往产妇家中协助分娩的情况，这种做法尤为理想。

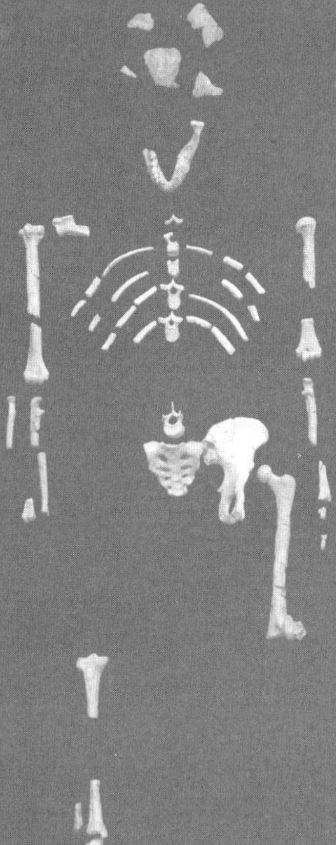

★

阿法南方古猿“露西”的骨骼化石，
推测距今330万年。

05

★

人类为什么爱吃肉？

想象一下，一群四五岁的孩子将狮子抛在身后，在草原上追捕以时速三四十千米奔驰的非洲羚羊，可能吗？当然不可能。但早期人类为了获取肉类而进行狩猎，大概就是这种景象，因为他们的身高和现代儿童差不多，狩猎能力可能也和儿童不相上下。

人类喜欢吃肉，如果说吃肉也是一种能力，那么这种能力应该是在人类进化中期，大约230万年前才发展出来的。然而，人类最早取得肉类的方式并非我们以为的狩猎，虽然漫画中常出现“原始人手持石斧追捕野兽”的狩猎场面，但事实上，那是在人类进化了相当长一段时间后才出现的。石斧大约在250万年前才出现，矛则在3万年前才被发明出来。那么，人类一开始是如何得到肉类的呢？在回答这个问题前，我们先来了解人类是从何时开始吃肉以及如何消化这么多肉的。

饮食习性迥异的新灵长类诞生

所有动物都爱吃肉。肉食动物当然只能吃肉，但惊人的是，草食动物和杂食动物也会摄取动物脂肪和蛋白质。人类也是爱吃肉的动物，要让身体消化大量的肉，在进化上需要克服许多困难。

1974年，科学家在东非肯尼亚著名的库比·福拉（Koobi Fora）遗迹中，发现了一块怪异的直立人化石，并将其命名为“KNM-ER 1808”。科学家通过放射性鉴年法测量得知，这块化石的历史约有170万年，但它的模样很古怪，从侧面看非常厚，学者认为这块骨头的主人可能在死前经历骨挫伤而造成内部出血的状况。就像人体发炎的部位会肿大，有出血症状的骨头也会增生变厚，而罪魁祸首很可能是维生素A摄取过量。

这就有点奇怪了，维生素A过量通常是因为吃了太多肉食动物的内脏，尤其是肝脏。或许有些人会马上认为：“祖先们应该是吃太多肉了。”但仔细想想，我们会发现这个问题并没有那么简单，因为人类的体质本来就不适合吃太多肉。

人类是灵长类动物，我们的第一个灵长类祖先出现在8000万至6500万年前，居住在树上，以水果和树叶为主食。那个时期的灵长类体形不过一个巴掌大小（类似眼镜猴），只吃水果和树叶就足够了。现在，体形较小的猴子会抓昆虫来补充动物性蛋白质，但红毛猩猩、大猩猩这类体形较大的类人猿几乎纯粹以草食为主，因为它们无法保证能获取充足的肉类来满足庞大体形的需要。和人类最亲近的黑猩猩也爱吃肉，它们偶尔会集体围捕小狒狒，或是用树枝掏白蚁穴，抓一些蚂蚁当点心，不过那分量和它们吃的树叶、果实相比，根本不值一提。

最接近人类祖先的类人猿以草食为主，与人类有亲戚关系的早期人类很可能也以植物为主食。人类学学者推测，在500万至400万年前出现的人类，其饮食形态应与其他类人猿相似。观察同一时期出土的臼齿与深长的颌骨化石，我们可推测出他们当时吃了许多需要大量咀嚼的食物。这是食草动物的典型特征之一，因为要想摄取同样多的热量，吃肉只需要吃一点，叶菜类则要吃很多。

另外，把不会移动的植物当作食物，不需要制定什么复杂的策略，也就不怎么需要用脑袋。相反，要想捕食会移动的动物（无论是狩猎或捡食腐肉），就必须有更高明的计划。早期人类的脑容量经科学家测量，与现在的黑猩猩差不多，这一事实同样可以支持早期人类以草食为主的假设。

从勇敢的猎人变成尸体清道夫

那么，从库比福拉挖掘出来的那块因维生素A摄取过量导致骨内出血的KNM-ER 1808化石，到底是怎么回事呢？它可以成为人类在短时间内改变饮食习性的一个证据，而这种情况极有可能是因为环境剧烈变化造成的。

大约从260万年前开始，一直到1.2万年前的这段更新世时期，非洲大陆的气候变得越来越干燥，森林也陆续消失，取而代之的是大片草原，动物必须通过激烈竞争才能获取植物性食物。这种情况对早期人类来说相当不利，因为当时仅剩的森林被傍人（*Paranthropus*，早期人类的亲戚）占领，他们的体形虽然只有现代大猩猩的四分之一，但咬合力超群的下巴和巨大的牙齿与大猩猩相比毫不逊色。傍人可以靠吃树皮与植物根部为生，在生存上更有竞争力。相较之下，早期人类只有小小的牙齿，无法大量咀嚼如此坚韧的植物部分。既然找不到可食用的植物，那么早期人类要靠吃肉（动物性脂肪）活下去。然而，无论从前或现在，想在非洲草原上猎捕动物都不是一件容易的事。当时，成年人类的身高平均不到100厘米，与现在四五岁的儿童身高差不多，狩猎对他们而言无疑是天方夜谭。

如果抓不到活生生的动物，那么早期人类是不是可以吃死掉的动物呢？狮子将猎物的内脏吃光后，便会退到一旁休息，慢慢消化。此时，猎物身上除了内脏，其他部位还都完好无缺，对人类而言简直是免费的大餐。不过世上没有那么容易的事，狮子吃完后，紧接着围上来的不是秃鹰就是鬣狗。一只秃鹰的身高大约100厘米，翅膀展开约有180厘米宽，再加上秃鹰通常是群体行动，所以绝不是脆弱的人类可以轻易争抢剩肉的对象。

因此人类想出了一个新的战略，可以有效地获得所需热量。其实根本谈不上什么战略，只要等狮子、秃鹰、鬣狗这些竞争者通通吃饱之后，再去吃剩余的残渣就行了，而那些残渣就是骨头。千万别小看骨头，骨头中含有骨髓，颅骨内还有脑髓，这些都是纯粹的脂肪，营养非常丰富。

但还有另一个问题，那就是骨头的质地相当坚硬，尤其是四肢的骨头，硬到被后来的人当作武器使用。人类光用牙齿无法咬碎骨头，因此找来了石头敲碎骨头，再将骨髓挑出来吃，这些石头后来都变成了有模有样的“人造石器”。能人打造出的奥都威工艺石器，就是用来敲碎骨头的。

肉食习性带来的另一个进化

草原的范围变得越来越广，人类为了在贫瘠的环境中生存下去，只好开始吃动物尸体的残渣。然而，在这个过程中发生了一件意想不到的事——由于长期摄入高脂肪含量的食物，因此人类的脑袋长得越来越大。大脑的生产与维修“代价”非常大，要想有一个大脑袋，必须摄取高质量、高热量的食物，而迫于无奈才开始的肉食习性，反倒在无形中帮了人类一个大忙。

高脂肪、高蛋白质的饮食习惯，同样有助于体形的发展。在500万至400万年前，早期人类的脑容量与现代的黑猩猩差不多，约为450毫升；到了300万至200万年前，出现了能人，其脑容量已增加至750毫升，但体形仍比较瘦小，身高约100厘米；直到200万年前出现了直立人，其脑容量不仅已增加至近1000毫升，身高也同样长高至170厘米左右。于是，拥有高大体形与硕大脑袋的人类祖先就此诞生。

拥有高个子与大脑袋之后，人类才有能力猎捕活物。一般人心目中的“原始人狩猎”场景，就是在这时出现的。人类靠着高明的策略、充沛的体力和精良的工具（石器），没多久就适应了狩猎生活，捕获的野兽数量也越来越多。

现在，我们了解了早期人类是如何“硬着头皮”养成吃肉习性的，但其中还有一个疑团没解开。就算大猩猩与黑猩猩真的没有食物可吃，就算它们突然变得喜欢吃肉，可生理上似乎也无法一下子摄取大量的肉类，所以，早期人类应该也不是马上就能消化油腻的食物吧？

人类通过遗传进化解决了这最后一个问题，利用载脂蛋白来消化油腻的食物。载脂蛋白就像清洁剂一样，与血管中的脂肪分子结合后，将油脂带离血管，使血液保持清澈，尤其是能够有效降低血脂的载脂蛋白E4，它出现在人体内的时间约为150万年前，这正好就是具有高大身材与大脑袋的直立人打造出阿舍利手斧的时期。

如果KNM-ER 1808化石的主人吃了大量肉食动物的肝脏（早期人类根本不敢奢望能吃到那个部位），就说明当时的人类已正式进入肉食阶段。此外，摄取大量肝脏而造成骨头出血致死，也暴露出当时人类的消化系统还没有进化到足以消化动物性脂肪与蛋白质的阶段。没想到一块小小化石，反映出了人类在进化过程中受尽百般磨难的那一面。

当人类终于养成了吃肉的习惯，经历了遗传变化，人类便开始以高大聪明的姿态过上狩猎生活，从此正式进入肉食阶段。然而，单靠狩猎技巧还不足以让我们变成肉食爱好者，这仍需要更多的遗传进化，人类才能消化更多的肉类，摄取更多的营养。

就算患上阿尔茨海默病，也要吃肉

帮助人类消化肉类、净化血液的载脂蛋白，与阿尔茨海默病、脑出血等致命的老年疾病有相当大关联。研究显示，载脂蛋白基因就是引发这些疾病的直接原因。在几百万年的进化过程中，人类为什么要携带如此危险的遗传基因呢？

在从进化生物学角度解释老化过程的众多假说中，有一个叫作“基因多效性”的观点。假设某个基因的功能在儿童与青少年期是对人体有益的，到了老年期却变成有害的，那么，我们可以因为这一坏处就将该基因消除吗？按照基因多效性的论点，在儿童与青少年期有益的基因会优先被人体选择，因此不会轻易消失。载脂蛋白E4也是如此，尽管它与阿尔茨海默病、脑出血有关，但出色的清血脂功能让它持续存留在人类的遗传基因之中。如此说来，吃肉的能力并非老天爷的免费奖赏，而是人类甘愿在老年承

★
推测是能人敲碎骨头时使用的奥都威工艺石器。

担患病的风险，才换来这种代价高昂的适应能力。

如果从现在起改吃素，我们就可以远离老年罹病的危险吗？答案是“不行”。因为既存的遗传基因不会消失，吃素不是真正的解决之道。

06

★

人类可以喝牛奶吗？

我从来就不喜欢喝牛奶，小时候会把学校营养午餐里的牛奶带回家给妹妹喝，就算在家必须喝牛奶也是憋着气一饮而尽。班上的同学总是取笑我，我因为不喝牛奶才长得又黑又矮。的确，喜欢喝牛奶的人好像皮肤都很白皙，个子也都很高。于是，整个世界都在鼓励我们要多喝牛奶，在美国甚至有好一阵子流行“来杯牛奶吗”系列广告，广告商找来一群赏心悦目的明星，让他们嘴上沾着牛奶沫，鼓励人们多喝一口牛奶。

每到夏天，很多人就会想吃冰激凌，在盛夏酷暑时舔上一口香甜柔滑、冰心沁凉的冰激凌，那种感觉比吃尽山珍海味更幸福。不过有些人喝牛奶或吃冰激凌就会觉得难受，出现恶心反胃、腹部胀气、拉肚子甚至剧烈呕吐等症状。其实这些症状都是喝牛奶造成的，因为牛奶含有一种叫作乳糖的碳水化合物，而有些人体内正好缺少能够消化这种物质的乳糖酶。

这种被称为乳糖不耐受或乳糖酶缺乏的症状，在美国被认为是非裔美国人才会有的“疾病”。这种病无法根治，即使试着每天喝一点牛奶，身体也无法适应。就算每天喝很多，这些症状也不加重。不过，只要服用含有乳糖酶的药，为身体提供分解酶，就可以消除这些症状。那些天生不能喝牛奶的人为了喝牛奶这样做，真的对身体有益吗？

爱喝牛奶的成年人真奇怪

在美国，长期以来，乳糖酶缺乏被认为是一种异常，甚至是一种疾病。不过人类学学者提出了质疑，他们认为比起那些不能喝牛奶的成年人，喝完牛奶还能安然无恙的人才“不正常”。

从医学的角度来看，乳糖不耐受并非疾病。人类是哺乳动物，每个人身上都带有可以制造乳糖酶的基因，所以我们才能消化母乳。宝宝诞生后，在靠母乳提供营养的这段时间，制造乳糖酶的基因运作最为活跃。到了断奶期，幼儿体内的乳糖酶会开始逐渐减少。儿童对成人食物的依赖程度越高，乳糖酶的制造量会变得越少，取而代之的是其他消化酶。长大成人后，制造乳糖酶的基因便会停止活动，这使得成人无法正常消化牛奶。事实上，乳糖不耐受是人类长大后会自然出现的生理反应。

人类学学者将世界各地的饮食文化进行比较之后，认为乳糖不耐受没什么需要特别研究的，反而应该研究成年后还能喝牛奶的“乳糖酶耐受性”。大规模调查结果证实，人类学学者的论点没有错。世界各地可以喝牛奶的成年人，不到总人口数的10%，包括亚洲、非洲、欧洲的大部分地区，这说明地球上的大多数人仍遵循着“正常”哺乳动物的生长步调。

唯独在某些地区，可以喝牛奶的成年人占绝大多数。这些地区分别是欧洲的瑞典和丹麦、非洲的苏丹以及亚洲的约旦和阿富汗。成年后还能继续制造乳糖酶的人，在这些地区的总人口中占比高达70% ~ 90%，或许只有在这些地方的人才能说“喝牛奶会拉肚子的人不正常”。

过去1万年内出现的“牛奶突变”

这些成年后还可以喝牛奶的人，他们的居住地有一个共同点，就是当地的畜牧业与乳业都有相当悠久的历史，牛奶及乳制品也是当地人的主要食物之一。因此，学者认为这些人可以喝牛奶的能力，与畜牧业和乳业有关系。

多数人会理所当然地认为，每天喝大量的牛奶，消化牛奶的能力应该更好。但这种程度的推论毕竟只是一种假设，在缺乏科学研究的情况下，无论这听起来多么有说服力，都不能算是一种合理、正确的解释。直到最近，科学家进行了相关的遗传学研究，才证实了这个假设的正确性。不出所料，那些成年后还能继续制造乳糖酶的人，都发生过乳糖酶基因突变。

太无聊了吧？简直理所当然到令人失望。但实际情况并没有这么简单，甚至可以说，这是运用科学来完成人类学研究的完美例子。令人惊讶的是，成年人体内制造出乳糖酶是一种单一现象，但造成这种现象的基因突变不是单一的。举例来说，在瑞典发现的基因突变与在非洲苏丹观察到的基因突变相比，两者的核酸序列并不相同，这说明造成两地成年人基因突变的原因并不是人口迁徙，瑞典人没有搬到苏丹，苏丹人也没有搬到瑞典。相反，住在这两个地区的人分别发生了乳糖酶基因的突变，却导致了相同的结果——人类成年后还可以喝牛奶。这种巧合实在非常奇特。

到底是基因突变发生在先，还是这些地区的人从事乳业在先，没有人知道。有人说："可能是因为喝了大量牛奶，才促使体内产生乳糖酶的吧。"这个推论暗示了乳业的出现应该早于基因突变。于是，遗传学学者与人类学学者开始探究乳糖酶基因发生突变的时间点。新石器时代以后，欧洲才开始出现乳业。如果新石器时代的欧洲人身上已经发生了基因突变，就说明畜牧业与乳业是后来才发生的；相反，如果当时还没有基因突变，就意味着畜牧业与乳业的出现造成基因突变的可能性更大。

2007年，德国美因茨大学与英国伦敦大学组建的研究团队成功从新石器时代（乳业出现之前）的人骨化石中提取出古代DNA。从破碎以及有可能受到污染的化石样本中提取出DNA，是一件难度非常高的事，不过近年来的遗传学技术已经进步到连基因组合都能有效解读。结果并没有发现乳糖酶基因的突变，如此说来，造成基因突变概率增加的时间点，就在乳业出现后的1万年内。

为什么喝牛奶的人类变多了？

研究结果显示，畜牧业与乳业的出现造成基因突变概率增加的“假设”是正确的。然而从人类进化史来看，乳糖酶发生基因突变才1万年的时间，某些地区可以喝牛奶的人口就已经达到九成，这说明消化牛奶的能力在很大程度上受到自然选择的影响。如此迅速且大规模的基因突变，表明发生突变基因的人必然比没有发生突变的人繁衍出了更多后代。反过来说，比起那些可以喝牛奶的人，不能喝牛奶的人可能寿命更短，或是没有繁衍出更多子孙。

牛奶到底含有什么重要成分影响了人类的生死？目前有几种假设。有人认为，喝牛奶让人长高。大量饮用牛奶的北欧人个子的确比较高，但不能确定是否只是因为喝了很多牛奶，才造成他们长得这么高。尚未有研究清楚地指出牛奶中的哪种成分让人长得更高、更壮。高个子是否具有进化上的优势，目前也没有办法证实。

也有人认为，牛奶提供了钙与蛋白。但若是为了获取钙与蛋白，人类完全可以将牛奶制成更易消化的乳酪或酸奶来食用（在发酵过程中，牛奶的乳糖会转化为易于消化的形态）。若能通过“人工”的方式让人类更容易摄取这些营养物质，还有必要非得通过基因突变这种“生物学”途径吗？中东地区的乳业虽然发达，但成人发生乳糖酶基因突变的概率，与北欧相比其实并没有那么高，这可能与当地人常以乳酪或酸奶取代牛奶的饮食习惯有关。

还有人认为，牛奶含有维生素D。维生素D可以帮助人体吸收钙，是十分重要的营养元素，也是人体唯一能通过晒阳光来自行制造的一种维生素。北欧阳光少，日晒不足，这个假设乍看似乎很合理，但观察其他地区的状况，我们就能发现其中的破绽。比如，在日晒相当充足的非洲苏丹，发生乳糖酶基因突变的成人占比也很高。

结果，我们依旧没能找到牛奶中左右着人类生死的神奇成分，只留下无数的假设与推论。直到现在，我们仍然不知道原因，只能津津有味地吃着牛奶冰激凌。

人类、牛奶与乳牛，三者共同变化

在过去的1万年里，人类受到基因突变的影响，逐渐进化出成年人也能喝牛奶的体质。但改变的不仅是喝牛奶的人类，牛奶本身也被改变了，甚至生产牛奶的乳牛也变了。如同我们现在吃的白米，与野生稻米的味道完全不一样，通过改良品种，乳牛分泌出的牛奶味道变得更接近人类母乳，更适合人类饮用。结果，为了将牛奶的味道调整成适合人类的口味，乳牛的基因也被改变了。虽然也有人指责“牛奶是给小牛喝的，不该给人类婴儿喝牛奶”，但真正倒霉的可能是那些牛宝宝，它们只能被迫喝着适合人类口味的牛奶。

20世纪60年代，部分科学家认为，人类从新石器时代起，随着农业和文明的发展而逐渐停止了进化。因为现代人类的身体与1万年前相比，似乎没有任何改变。然而，遗传学与人类学的研究证明了人类的进化依然在继续着，而且速度比过去500万年内还要快上许多（参见第22章）。

来杯牛奶吗？

“来杯牛奶吗”是美国过去20年来相当成功的广告。广告商还请来因电影《X战警》走红的演员休·杰克曼、流行歌手蕾哈娜等明星代言，鼓励人们多喝牛奶。无论是大人还是小孩，只要看到广告，就好像一定要喝上一杯牛奶。这在不能喝牛奶的人眼里，反倒有点令人啼笑皆非。

从16世纪到18世纪，再到19世纪中期，这两波欧洲移民潮将奶制品经济带进美国。诚如本章所述，这些北欧来的移民大多拥有可以制造乳糖酶的基因，但事实上，美国大部分的成年人有乳糖不耐受。随着这些人登上主流社会的舞台，喝牛奶也变成了一种主流文化。相较之下，不能喝牛奶似乎就显得有些“土气”了。到了20世纪初，牛奶也在不知不觉中被世人公认为美国饮食文化的一部分。

有趣的是，喝牛奶的行为也变得越来越

国际化。走进麦当劳和星巴克，我们可以发现它们通过营销与包装，让人们觉得喝牛奶是一种“进步”与“西方化”的表现。20世纪90年代，全世界牛奶消费量增加速度最快的国家是中国与印度。这些国家中绝大部分成年人无法正常消化牛奶，他们又到底为什么要喝下无法消化的牛奶呢？

07

★

寻找白雪公主的基因

夏天来临时，电视上的化妆品广告个个都在强调美白肌肤的效果。只要做好保养，人类的肌肤就真能变得像雪一样白皙吗？当然不是。肤色来自每个人的遗传基因，在某种程度上是与生俱来的。虽然日晒会有影响，但无法完全改变我们天生的肤色。皮肤的颜色取决于皮肤中的黑色素数量，这在历史上引发过许多极具争议性的事件，也让某些人长期处于折磨与苦难之中。

肤色在人类学中也是一个极度敏感的议题，长久以来，它都被当作区分黑种人、白种人、黄种人等不同种族的标准。然而到了20世纪60年代，C. 劳瑞·布雷斯（C. Loring Brace）和弗兰克·利文斯敦（Frank Livingstone）等生物人类学家开始对这种分类方法产生怀疑。他们了解到人类的皮肤颜色仅与紫外线强度有关，并不是什么特殊的区分标准。1962年，利文斯敦发表了一篇题为“不存在的人类种族”的文章，其中引述了那句名言：“人类没有种族，只有生态圈。”

摊开世界地图一看，各地区紫外线照射强度不同，当地人的肤色也不尽相同。日晒多的地方，人的肤色偏黑；日晒少的地方，人的肤色偏白，其中当然还有不同日照光谱下的各种肤色。换句话说，人类的肤色只是适应环境的结果，而非固有的必要特征。所谓的“人种”在生物学上并不具有实质意义，都是社会结构的产物。如此看来，那些围绕肤色打转的议题，好像也没有必要再继续争论下去。然而，在肤色的谜团尚未被完全解开之前，又有复杂的问题接踵而来。

“汗毛”茸茸的人类

哺乳动物身上有毛，是为了保护身体。毛发可以保护皮肤不受紫外线伤害，还能裹住一层不流动的空气，帮助维持体温。天气寒冷时，毛发就像一件御寒大衣；天气炎热时，毛孔附近的肌肉会放松，使毛发下垂，有利于散热。多亏毛发的保护机制，哺乳动物才能在不同的环境里生存。

照这样看来，人类真的很奇怪，没有如大象那般粗厚的皮肤保护身体，也没有浓密的毛发覆盖全身。有些住在洞穴里一辈子不见天日的啮齿动物，不是也没有长毛吗？但是在每天生活在阳光下的哺乳动物中，唯独人类没有浓密的毛发或羽毛，看起来光溜溜的。

人类并非真的完全没有长毛。与其他身材相近的哺乳动物一样，我们的皮肤上也长有差不多数量的毛孔以及差不多数量的毛发。只是这些毛发变成了短小的浅色汗毛，才会看起来像是没长毛。毛发的数量没有减少，只是形态改变了，这才让人类看起来如此赤裸。

那么，到底为什么，又是从何时开始，人类的毛发变成了汗毛呢？最有可能是在人类开始大量吃肉之后。曾以草食为主的早期人类，在250万年前开始对高脂肪、高蛋白质的食物产生兴趣，虽然只是将其他野兽吃剩的骨头敲碎，食用其中的骨髓，但也因此让头脑与身材逐渐强壮，人类开始打造出像样的石器，能够进行狩猎（参见第5章）。

毛发浓密的野兽主要在傍晚与清晨猎食，如狮子。提到狮子，大家脑海中是不是会浮现出公狮霸气的鬃毛与全身充满光泽的毛皮呢？它看上去的确威风十足，但拖着这身毛皮，在大白天里能行动自如吗？想象一下自己披着皮草在烈日下的草原上全力奔跑，一定会热到筋疲力尽。所以，狮子才会在大白天张着嘴巴，持续呼出热气以调节体温，如同天气炎热时伸出舌头气喘吁吁的狗。狮子光是站着不动就够难受了，根本无法以65千米的时速全力追捕羚羊。

人类正是看到这一点，才会在野兽无法行动的大白天外出寻找猎物。如果人类也全身覆盖着毛发，又将如何呢？人类可能就会像狮子一样，在大白天里变得懒洋洋的，只想先找片凉爽的树荫休息吧。

赤裸的人类与黑皮肤的诞生

假设一次偶发的基因突变，让人类褪去一身浓密的体毛，汗水在光滑的皮肤上蒸发，体内的燥热也随之消散，发生这种基因突变的人类便神奇地征服了白天炎热的非洲草原。

不过事情总是有利有弊，优点的背后常隐藏着意想不到的缺点。基因突变让人类可以通过流汗调节体温，也让人体对水的依赖性越来越强。想在逐渐干燥的非洲大陆上获得可饮用水绝非易事，在何时、何地可以找到水源，是十分珍贵的信息。除了水源的地点和季节性变化，如何在取水的途中避开危险，并将这些知识和经验储存在记忆里传给下一代，变成了一件非常重要的事。

紫外线照射也是个大问题。失去了可以抵挡紫外线的浓密毛发，人类的皮肤等于直接暴露在紫外线中。除了让人晒伤、得皮肤癌，紫外线甚至会破坏血液中的叶酸，导致产妇生下畸形胎儿的概率升高，而这意味着繁衍后代的成功率降低，从人类进化的角度来看是相当不利的。在这样的进化压力下，人体的皮肤必须生成能够适应阳光并有效阻隔紫外线的机制。

人类皮肤中有一种特殊的“黑色素细胞”，负责制造黑色素以阻隔紫外线。皮肤中的黑色素越多，肤色就越深。人类用可以畅快流汗的皮肤交换浓密的体毛之后，必须有深色的皮肤才能存活下去，这也是为什么科学家认为最早出现在非洲的人类应该都拥有极深的肤色。不过，有毛发保护就不需要黑色素，所以毛发浓密的动物通常是浅色皮肤，就像人类的头皮一样。

如果按照这个理论，最早拥有光滑皮肤的人类是黑皮肤的话，那么所有人类都应该是黑人才对。然而，不用我说你也看得出来，全世界人类的肤色并不都是黑的，有些人的肤色就变浅了。那么，像白雪公主那样如雪般白皙的皮肤到底是从哪里来的呢?

找回白皙的皮肤

当人类祖先离开阳光炙热的赤道地区，开始向外迁徙至世界各地时，有的人来到了日晒较少的北方地区，就此定居下来。人类大规模迁徙的时间点，正是在冰河期与间冰期反复交替出现的时候。在这段时期，天空绝大多数情况下都密布着乌云。既然阳光很少露脸，人们就无须阻隔紫外线，人体也没有必要制造黑色素。但皮肤变白并不只是因为不需要黑色素，即便人体不需要继续分泌黑色素，皮肤也没有一定要变白的理由，而是应该处于不再加深的状态。

肤色不是一种选择，而是一种必需，因为这关系到人类的生死存亡。如同在阳光强烈的地方必须有黑色素才能生存，在阳光稀少的地方，黑色素反而需要消失。阳光稀少代表紫外线照射不足，但人体必须吸收适量的紫外线才能自行合成维生素D。维生素D有助于人体吸收钙，缺钙则会导致骨质疏松或骨骼变形。长期缺乏维生素D，或在成长发育期没有补充足够的维生素D，人类就有可能患上软骨症。

虽然骨骼不健康并不致命，但对怀孕的女性来说，脆弱的骨骼恐怕会引发严重问题，例如分娩时骨盆变形，这将严重威胁产妇与胎儿的性命。面对这样的情况，人类必须找回白皙的皮肤，好吸收更多的紫外线。

有人将世界“肤色基因分布”资料按照纬度高低整理成一目了然的图表。赤道附近一年到头阳光充足，当地人有足够的紫外线来合成维生素D；温带地区阳光照射不足的时间大概是一个月，寒带地区则是一整年都缺少阳光。各地区居民皮肤中的黑色素浓度，刚好与紫外线照射的强弱一致。

发现肤色基因的历史其实并不长，直到1999年，科学家才首次发现制造黑色素的基因，接着又陆续发现了造成白皮肤的基因和造成黑皮肤的基因。到目前为止，我们已找到十几种决定人类肤色的遗传基因，如雪一样白皙的肤色，正是由其中一种基因造成的。

更有趣的是，这些基因分布的实际情况在世界各大洲都不太一样。虽然黑皮肤都出现在赤道附近，但居住在西太平洋上的波利尼西亚人，其肌肤的彩度和明度都与住在赤道圈上的非洲人不同；住在欧洲的白人与住在亚洲的白人，他们的肤色基因排列方式也不尽相同。即便是居住在同一条纬线上的人，也会因移居时间长短，以及平时饮食摄取的维生素D量等让肤色基因有不同的表现。

2015年，遗传学家大卫·里奇（David Reich）与哈佛研究团队发布了一份令人意外的研究结果，证明欧洲人变为白皮肤的基因突变，其发生时间距今不超过5000年。当人类祖先走出非洲留在紫外线骤减的欧洲，想要活下去就必须舍弃皮肤中的黑色素。这样看来，白皮肤的突变若不是发生在百万年前，也该在数十万年前人类移居到欧洲时就发生了。难道现代人类是最近才迁徙到欧洲的吗？就算是保守估计，肤色基因突变最早也该发生在数十万年前的尼安德特人身上。5000年的时间实在短到令人意外，究竟发生了什么？

突变之所以会发生得这么晚，有人认为这与农业的出现有关。在人类学会农耕之前，即便居住在阳光不足的地区，就算人体无法自行合成维生素D也无妨。这是因为我们每天可以从植物、海产品和肉类等各种食物中摄取丰富的维生素D。然而进入农业社会后，人们开始以农作物为主食，对加工谷物和淀粉的依赖度也逐渐提高。饮食习惯的改变造成人们营养摄取不均衡，包括维生素D不足。一旦无法从食物中获取足够的维生素D，人体只好另寻他法，那便是黑色素细胞突变。当黑色素细胞变得不那么活跃，黑色素的分泌减少，紫外线吸收增加，维生素D更容易生成，这对人类更为有利。

过度防晒没好处

欧美人很喜欢日光浴，甚至有一阵子很流行去助晒沙龙照日光灯。当科学研究发现过量紫外线对人体有害时，人们才意识到防晒的重要性。但这也让日光浴爱好者开始担心自己有罹患皮肤癌的危险，因而大量使用防晒霜或采取各种防晒方法，甚至到了有点夸张的地步。2000年，美国疾病控制与预防中心发出警告，很多人因过度防晒而产生了维生素D摄取不足的现象，并建议人们多摄取富含维生素D的食物，如牛奶和鸡蛋。即使原本是有益的事，做过头的话也会变成坏事。如何适当拿捏防晒分寸，还真是不容易呢！

08

★

祖母是大艺术家

长寿之人在过去相当罕见，因此长寿被视为一种祝福。花甲（60岁）寿宴算得上是一件大事，然而，现在人们几乎很少再大肆庆祝六十大寿，取而代之的是八十甚至九十大寿。

随着医学进步，人类寿命持续延长，似乎每个人都乐观地期待“百岁时代”的到来。然而在这个普遍长寿的时代，也并非只有光明的一面。古人梦寐以求的长命百岁如今不再是一种祝福，反倒成为一件令人忧心的事。老年人清楚地意识到，即便寿命有所延长，自己的身体也无法再像年轻时一样健康。祝愿人人都能“生龙活虎地活到99岁”，如今听来不像是一种希望的象征，反倒似乎是在提醒人们，衰老是人人都无法逃脱的命运。老年人的健康也不只是个人问题，体弱多病的长者肯定需要年轻一辈的照护，久而久之难免会引发社会经济问题，这也是为什么会有这么多关于社会福利与医疗保险的争论。

我们不禁想问，既然长寿有这么多弊端，人类为什么还要活得久呢？在人类老化的过程中，有什么必然因素是我们没有注意到的吗？

变成问题"老年人"?

在20世纪初，生育率与死亡率都很高（很多人出生，但是都活不到老年），人们的平均寿命很短。特别是幼儿的死亡率极高，很多新生儿出生没几个月就夭折了，因此在某些国家（如尼日利亚、日本、汤加）的传统习俗中，人们即便知道对方怀孕也不会随意恭贺，宝宝出生后也要等100天才庆祝。婴儿出生满一周岁后，死亡率便会下降；到了断奶期，死亡率又会开始升高（因为婴儿开始吃母乳以外的食物，被病原体感染的风险增加）；等到孩子长成青少年，才算进入相对稳定的成长阶段。成人后，年轻女性因为怀孕与分娩，年轻男性因为各种意外事故，死亡率都很高。中年人的死亡率再次升高，则是因为罹患各种疾病。

如上所述，人的一生之中可能会经历许多"生死关头"。平均寿命增加，意味着更多人从这些意外与疾病中存活下来。随着现代文明发展，战争越来越少，各种交通事故的发生率越来越低，医学进步让女性怀孕分娩更安全，许多疾病与感染也被排除于死因之外，人类的平均寿命因此得以延长。

由于生育率提高、死亡率下降，因此世界人口数量在21世纪末出现爆炸性增长。多数工业国家的人们不再生那么多孩子，毕竟每个孩子健康长大成人的概率已经大幅提高，这造成生育率和死亡率都呈现下滑趋势，也让人类在进化史上第一次迎来世界人口老龄化的局面。

客观来看，高龄人口数量快速增加是医学与科技进步的直接结果。事实上，原因并非如此简单。在科技飞速发展之前，老年人（即祖父母辈）的数量就已经出现逐渐增加的迹象。人类的寿命在某种程度上受到遗传基因的影响，长寿的人往往来自长寿的家族。最近，科学家也发现了好几个与长寿有关的特定基因。这是否意味着长寿有可能是一种进化的结果呢?

这个假设乍看十分合理，因为活得久算是一件好事，但细究下去，我们就会发现有些矛盾之处。如果说人类的某种特征“对进化是有利的”，那么此种特征必定有利于繁衍后代。换言之，长寿若对人类的进化有利，那它必定有助于繁衍子嗣。然而，人类女性在50岁左右便会停经，不再规律地排卵，也无法再次怀孕。就进化的“效率”而言，这种无法繁衍后代的状态似乎没有必要持续太久。事实上，大部分的雌性动物终其一生都有能力受孕并产下后代，只有少数在过了更年期后不久便会死亡。人类女性在这种状态下，依旧能维持10至15年身心健康的老年生活[1]。这与哺乳动物的平均寿命相比，实在是不可思议。

于是，美国犹他大学的人类学教授克里斯滕·霍克斯（Kristen Hawkes）提出了“祖母假说”（grandmother hypothesis），并主张“老年人能够在繁衍子孙上提供间接帮助”。过了更年期的女性（祖母）虽然无法产下新的后代，但她可以照顾家庭里年纪最小的成员，提高后代子嗣的存活率，确保自己的基因被保留下来。如果这个假说成立，就意味着女性

[1] 除了人类，还有几种鲸鱼能在更年期后再活上好几十年。

过了更年期之后，老化的速度必须得缓一缓才行，而该假设与人类女性在停经后的实际行为相当一致。

人类从何时开始变得长寿?

“祖母假说”从进化的角度说明了长寿人类出现的契机，那么在进化史上，最早的“老年人”是在何时出现的呢?“祖母假说”的支持者认为，最早的长寿人类应该出现在200万年前，也就是直立人出现的年代，理由是直立人的体形和头颅明显比较大。

一般来说，灵长类动物若要使体形变大，势必需要更长的生长期。直立人长得比早期人类高，脑袋也比较大，表明他们成长的时间延长了，或是老化的速度变慢了，有更多的时间长“大”。

“祖母假说”若是成立，年长女性的体力和生活能力就必须维持在一定的水平，要是太快变老，就无法照顾子孙了。人类学学者认为，拥有大脑袋与高大体形的直立人相当符合这种条件。此外，这个时期的人类已经会使用工具挖掘植物块茎，由于祖母们无法再外出打猎，因此这很有可能就是她们协助照顾子孙这一行为的证据。

但是“祖母假说”存在一个很大的问题，那就是科学家无法通过考古学或现代人口调查来验证它的真实性。实际调查世界各地的人类活动，比起那些没有执行“祖母功能”的女性，会照顾子孙的女性并不一定繁衍出特别多的后代。此外，科学家也曾通过化石测定直立人的死亡年龄，试图推算长寿人口的多寡，但这使事情变得更加复杂了。在发育阶段就死亡的个体化石比较容易推测出年龄，发育成熟的个体化石反而难以估算年龄。因为牙齿与骨头在每个发育阶段的变化都相当显著，所以一旦发育成熟就几乎不会再有太大改变，若以此作为区分年龄的指标，则会因为个别情况差异过大而产生误判。举例来说，即便测定出某个化石的主人患有关节炎，但有的人在50岁患有关节炎，还有的人在30岁就患上关节炎，我们也只能推测此化石主人的年龄在“30岁以上”。这是对“祖母假说”的巨大挑战。

因此，我与美国中密歇根大学的瑞秋·卡斯帕里

（Rachel Caspari）教授，决定采用一种新方法进行研究。既然无法测定出准确的年龄，那么我们何不将重点放在界定年龄的区间上？我们将古人类化石区分出相对明确的“青年期”与“老年期”：青年期以第三大臼齿（智齿）萌发的时间点作为基准，该时期的人体已发育成熟并且可以生育；老年期则是以牙齿磨损程度达到青年期的两倍作为区分。举个例子，假设有一个已经18岁并长有第三大臼齿的人，按照此基准就将他归为“青年期”，再假设他可能生了一个孩子，当这个孩子长至18岁有能力繁衍下一代时，他便有机会照顾自己的孙辈。这就是为什么我们将老年期牙齿的磨损程度定为青年期的两倍。在无法准确测定年龄的前提下，若勉强接受其中的误差，则只会造成研究结果失去可信度，倒不如使用更符合资料特征的方法来进行研究。

我与卡斯帕里教授一共收集了768个古人类的牙齿化石，其中混杂着南方古猿（包括傍人）、直立人、尼安德特人与旧石器时代晚期的欧洲人（智人的其中一支）。然后将它们按物种分类，再分别计算出老年期与青年期的人口比例（即“OY值”），观察老年人口与青年人口是否在不同的时期和不同的群体中发生变化。OY值等于1时，代表老年人与青年人数量相当；数值大于1时，代表老年人口较多；数值小于1时，代表青年人口较多。这个数值从南方古猿时期（约400万年前）开始持续增加；到了直立人时期（约200万年前），数值大幅增加；到了尼安德特人时期（约20万年前），数值更高。

研究结果显示出惊人的事实：认为人口普遍老龄化始于直立人时期的“祖母假说”，其实有一个论述上的缺陷。在人类整个进化史中，老年期的人口比率呈现逐步增长的趋势，但OY值出现急剧增长的时间点（可视为老年人首次出现）并不是在直立人时期，而是在旧石器时代晚期。

在从南方古猿到尼安德特人这段时间里，无论OY值再怎么增加也无法大于1，这说明老年人的数量始终低于青年人。可是到了旧石器时代晚期，这个数值却大于2，表明老年人口超过了青年人口的两倍，出现了爆发性增长。

考虑到旧石器时代晚期开始出现了丧葬习俗，造成坟墓遗址增多，所以我们将坟墓遗址中出土的骨骼资料排除后，重新进行了一次分析。我们怀疑埋葬行为的兴起，造成了比较多的老年人骨骼化石被发掘。但重新分析的结果仍然不变。人类的寿命到了智人时期（比直立人晚200万年左右）才开始延长，“人类拥有祖父母”的生活也渐渐变得普遍。

发展艺术文化的老年人

有趣的是，以现代智人为主角的旧石器时代晚期，在文化上出现了革命性变化，与之前任何时期的人类文化皆不相同。就在老年人口数量大幅增加的同时，前所未见的壁画艺术与符号文化也开始蓬勃发展。难道这纯属偶然？我认为两者之间必然存在某种因果关系。艺术与符号不仅和抽象的思维能力有关，而且有携带并传递信息的实质功能。随着符号的兴起，知识的传播在这个时代也变得重要起来。

巧合的是，长寿也有助于知识的传播。人类能够活到照顾子孙的年纪，表示三代同堂的机会增加。相较于只有两代人共存，前者可以汇集并传递更早、更多的知识。如果两代人能分享知识的时间范围大约是50年，则三代人可以分享75年来累积的庞大知识量。如此说来，老年人成为知识传递与分享的契机，在艺术与符号的诞生中有可能扮演了推波助澜的角色。

最后，我再补充一个有趣的现象作为本章结尾。从旧石器时代晚期到现代，人类的平均寿命与老年人口数量虽然持续增加，但有一个重要的事实没有改变，即共存于同一个时代下的世代数量。在平均寿命只有50岁的年代，祖父母只能活到孙辈成长至某个阶段，说明当时是三代同堂。而后，人类的寿命大幅延长，以平均寿命75岁来看，曾祖父母应该可以活着看到曾孙长大，换句话说，现在应该是四代同堂。但事实却不然，如今某些人活到70岁，可能连孙子都没抱上，更不用说曾孙了。会变成这样，主要是因为现代人结婚及生育都比过去晚。

百岁时代即将到来，人类却依旧维持着旧石器时代晚期的家庭组成形态。从某个角度来看，或许我们并没有比过去的人“活得更久”，只是“活得比较慢”。也就是说，“慢活”时代早已在不知不觉中来临。

人类到底可以活多久？

从生物学的观点来看，即便已进入了百岁时代，也不代表人类可以活得更长久。所谓“绝对寿命”并非由事故或疾病等外部因素造成，而是指自然衰老、无病而终的死亡年龄。无论生物医学如何进步，人类的寿命都是有限的。

那么，人类的最长寿命到底是多少岁呢？这个问题现在还没有肯定的答案。目前，最长寿的纪录保持人是1997年以122岁高龄去世的法国妇人珍妮·卡尔芒。若将她排除在外，其他前100名长寿者的年龄，全都在114至119岁之间。而在这些人之中，有机会打破纪录的人有8名（以2015年5月23日的维基百科资料为基准）。这些资料间接证明了一件事，那就是无论医学技术多么发达，人类的绝对寿命也没有增加的趋势。所谓的百岁时代，并非意味着人类的绝对寿命得以延长，而是指会有更多的人类活到100岁。

09

★

农业使人类更富足?

无论在东方还是在西方社会，农业都让人联想到富足丰饶。农业在东方文化中十分受重视，才会有“农者，天下之大本”这样的说法。数百万年来，人类在大自然里捕捉食物，直到距今约1万年前，人类才懂得耕种作物与饲养家畜。人类可以持续生产出食物后，过上了安逸富足的生活。相较于每天四处奔走寻找食物才得以勉强糊口的“原始”生活，农民即便如培养兴趣般悠闲地耕种，也足以养活一家老小。有了闲暇时间，人类开始对生活中的其他事物产生兴趣，进行了一些发明创造。因为无须再逐食物而居，所以人们开始定居，并形成群落。物阜民丰也让疾病远离，人类变得更健康、更长寿，都市文明就在这样的氛围中蓬勃发展起来。这一切全有赖于农业的出现，至少长期以来我们都是这么认为的。

然而，这一切全都是我们的错觉。人类学学者在过去半个世纪里收集到的资料，完全推翻了我们对于农业的看法。

农业带来了富足与长寿？

过去，人类学学者曾采取同居观察的方式，深入非农业的“原始”社会展开长达数十年的田野调查。在20世纪50至70年代，针对南非卡拉哈里沙漠周边进行的人种志研极为盛行，其中又以美国哈佛大学在20世纪60年代主导的“卡拉哈里研究计划”最具代表性。虽然这项以布希曼人为主要对象的研究，后来出现了一些片面且带有种族歧视的看法（例如，有人围绕一个可乐瓶引发的故事，拍摄出了电影《上帝也疯狂》），但通过扎实的研究成果，我们才开始了解到沙漠民族与狩猎者生活的真实样貌，以及许多从前不知道的惊人真相。布希曼人的生活比我们想象中的富足，虽然不至于每天吃喝玩乐，但他们的确是工作与休闲并重，不用为了寻找食物而饥饿地奔走，也几乎没有人营养不良或患上传染病。他们的生活并没有因为不从事农耕而变得艰辛。

那么，是因为发展农业，原本富足的生活才会变得更加富裕吗？其实也不尽然。人骨化石的研究结果显示，原本拥有健康身体的人类，在适应了农耕生活之后，反而开始患上各种疾病，出现营养不良。

观察一个人的骨头与牙齿，就能得知此人的身体状况与病史。在发育阶段因没有摄取充分营养而导致的发育异常，都会留下痕迹。最明显的例子就是“牙釉质发育不全”。小孩长恒齿的时候若是营养不良，则会导致牙釉质发育不全，牙齿表面就变得坑坑洼洼，缺乏光泽。人类的恒牙一辈子只会生长一次，患有此病的人只好与发育不良的牙齿相伴终身。学者发现，人类开始务农之后，牙釉质发育不全的人数有明显增加的趋势，这说明，随着农业兴起，人类反而出现了营养不良的问题。

人类的身材也同样受到了农业发展的影响。科学家测量化石的长度后发现，农耕技术出现以后，人类的手臂与腿骨变得比以前更短，这意味着人类的身形在某种程度上萎缩了，这可能同样是因为饥饿与营养不良。

农业的发展造就了更为丰富多元的饮食生活，这种想法其实是错误的。反而是在那之后，人类摄取的营养元素更加不足，健康状况变得越来越不理想，甚至直到现在还有许多相关案例。非洲各国有很多营养严重失调的孩子，相信各位都看过他们肚子鼓胀的照片吧。这正是“恶性营养不良”的症状。这并不是因为热量摄取不足，而是蛋白质摄取不足。简单地说，这是一种每天只吃米饭等淀粉食物才会引起的病症，长期放任不管还会有致命危险。讽刺的是，若是热量与蛋白质同时摄取不足，反而不那么危险。

明明是吃自己亲手栽种的食物，为什么会引发如此严重的病症？从某方面来看，种植作物就像把财产投资在一只股票上，如果运气好，就能获得丰厚的收益，让所有人填饱肚子。但要是因为自然灾害导致农作物歉收，人们就得在第二年饿着肚子重新开始。相反，人类以前靠着狩猎过日子，四处寻找各种各样的食物，即便某种食物短缺，也可以找到其他食物代替，虽不能保证饮食无忧，但也不会发生大饥荒。

农业出现后，人类显然没有吃得更好，罹患疾病的概率也大幅上升，来看看蛀牙与牙周病的例子吧。

早期农业社会的人们以谷物为主食，加水一起煮至熟软后食用，然而比起吃坚硬的食物，这种饮食习惯更容易引发蛀牙。现代人天天刷牙，看牙医也很方便，或许不觉得蛀牙有什么大不了的，但对以前的人来说，蛀牙是一种非常痛苦的疾病。牙齿严重发炎会引发牙周病，除了掉牙，从牙龈滋生的细菌要是扩散到全身，还有可能致命。

农业社会的另一大特征，是定居的生活形态使传染病的传播变得更容易。当人们已经在某块土地上扎根，就算身边的人都因为同样的疾病而死亡，他们也无法轻易搬离那个地方。群居让人与人之间的接触更频繁，只要有一个人得了传染病，就有可能让全村的人都病倒，甚至波及邻村。相较之下，在以前那种四处迁移的生活状态中，一场传染病可能至多夺走几户人家的性命。

群居不仅让疾病传染变得更容易，而且隐藏了另一个危机。家家户户比邻而居，新的病患不断出现，导致病原体发展出前所未有的适应能力，变得更为致命。过去，病原体不会立即杀死宿主，而是采取长久共存的策略，唯有这样它才能活下去。如果一下子就将宿主杀死，则病原体本身也无法存活，所以染上疾病的患者不会那么容易死掉。现在，就算将宿主杀死，病原体也可以在附近立刻找到新宿主，于是开始进化出致命的毒性。

此外，某些农家会圈养家畜，这使得情况更为复杂。某些寄宿在动物身上的病毒开始进化出跨物种感染的能力，于是出现了人畜共患病。人类成为病毒首先攻击的对象，如今饱受着各种致命传染病的困扰，只能处处小心以求自保。

人口增长的大逆转

看到此处，各位是否会觉得，既然这样，世界人口数量应该会随着农业发展而大幅减少，但奇怪的是，人口数量反而激增。

造成这种现象的并不是死亡人数减少了，因为各种疾病相继出现，死亡率是向上攀升的。但相较于死亡率的增加，生育率的增幅更为显著，这才是人口增长的真正原因，而这份莫大的功劳的确要归功于农业的出现。

在狩猎社会中，每个家庭要等上四五年才会有新生儿诞生。等第一个孩子会走路了，再生第二个孩子，这样女性才有余力照顾刚出生的宝宝，毕竟同时照料两个小孩是一件非常辛苦的工作。那时候没有现代医学提供有效的避孕方法，人类如何调整生孩子的“步调”呢？以前的人多半是靠自然避孕法，也就是宝宝的断奶期。女性在密集哺乳期间，排卵会因为泌乳激素增加而受到抑制，所以这种避孕法也叫作泌乳停经法。宝宝断奶后，妈妈的乳房慢慢地不再分泌乳汁，泌乳激素减少，经期和排卵期也会自然恢复规律。不务农的布希曼人哺乳期长达三至四年，女性等孩子完全断奶后才会准备再次怀孕，因此孩子的年龄差距是四到五岁。当人类改以谷物为主食时，婴儿副食品的出现改变了这一切。粥或米汤取代了母乳，这使幼儿哺乳期大幅缩短，女性的身体很快就可以再次怀孕。即使现在以每隔两年的频率来生孩子，妈妈也有余力照料他们。

生育率激增，人口不断增长，这都要归功于定居的生活状态、农业的出现与饮食习惯的改变。在进化生物学中，生物个体数增加，代表该生物成功地适应了环境。而所谓进化上的成功，就是指在成功适应环境后繁衍出更多的后代。

所以，农业最终还是引领人类走向了进化上的成功吗？真是太令人开心了。然而，暴增的人口导致了另一个悲剧。养活更多的人口，需要更广阔的耕地。在土地有限的情况下，人类自然会为了占领更多的土地而展开大规模战争。战争让死亡率攀升，能够打仗与开垦土地的人数同时减少，这就需要生下更多的孩子。女性只好背上背着宝宝，肚子里怀着婴儿，挺着大肚子努力耕种。

人口数量与产量都在不断提升，粮食与物资开始出现过剩的情况。为了妥善分配这些多出来的物资，农耕社会逐渐演变成高度复杂且分工极细的阶级社会，更进一步发展出城市、国家等灿烂的文明。你可以问，农业的发展，让人类离富足的生活更近了一步还是变得更遥远了呢？美国埃默里大学人类学教授乔治·阿尔拉戈斯（George Armelagos）就对人类文明的演进提出了异议，并指责农业为“人类历史上最大的错误”。

从遗传学角度重新评价农耕文化

虽然农业带来的影响与我们想象的不一样，既非全然有益，也不至于是“最大的错误”。遗传学的发展让我们再次认识到农业的潜在价值，那便是造就了基因的多样性。农业发展使人口暴增，大幅提升了人类基因的多样性，持续推动着人类进化。

基因突变在人们的印象中好像都是坏事，事实却不尽然。进化成功的定义，不外乎提高健康个体的繁殖率，将遗传基因尽可能复制并保留下来。基因在复制的过程中可能会发生突变，产生新的基因特征。如果这些新特征比旧特征更能适应环境，并带来繁衍的优势，就会被优先保留下来，这便是“自然选择”。因此，各种基因特征的突变，正是推动进化的基本动力。

突变的发生是随机的，假设每一千人中会有一个人发生突变，那么每一万人中就会有十个人发生突变。农业发展使人口数量增加，突变的数量会随之增加，人类基因的多样性自然也会增加。换句话说，突变为物种进化提供了更丰富的选择，人类的进化才变得如此活跃。归根结底，基因突变的源头正是农业的发展。

长久以来，有不少人认为文化与文明的进步相对阻碍了人类继续进化。然而农业作为人类重要的“文明”代表之一，让我们明白了文明的发展是如何推动了人类的进化，而人类至今仍以飞快的速度不断地进化着（参见第22章）。

如今，人类面临着另一种前所未有的文化现象——高龄人口数量急速增加。如果说文化会直接影响人类进化，那么，当前的老龄化社会势必也会以某种形式将全人类带往全新的进化方向。人类将会如何应对呢？

10

★

北京人与日本黑道的回忆

2009年的秋天，我受邀来到中国参加了北京猿人发现80周年纪念研讨会。论文发表后，我顺道参观了位于北京市西南侧，当初发现北京人化石的周口店山洞。我环顾洞穴，感慨万千，不仅因为这是古人类的重要遗址，而且因想起了10年前收到的一封奇怪的电子邮件，内容是某人请我一同潜入日本黑道组织。

当时，我正在日本神奈川县叶山町做博士后研究员，某天突然收到一封陌生人的来信，对方自我介绍说："我是一名毕生都在调查黑道的记者。下周，他们将会举办一场入会仪式，你能否与我一同暗中潜入那个地方？"一开始，我感到十分困惑，为何他会找上我这个人类学学者去参与日本黑道的入会仪式？读完邮件后，我才恍然大悟。根据这位记者掌握的情报，有人会在入会仪式上展示北京人化石的真品，他需要一位专家来协助鉴别化石的真伪。我对此非常好奇，如果情况属实，这不但值得在古人类学的历史上记上一笔，数十年来扑朔迷离的重重谜团也能就此解开。

“我想潜入日本黑道的大本营”

北京人化石是在20世纪20年代于周口店出土的一系列人类化石，属于直立人中的一个亚种，与19世纪末发现于印度尼西亚爪哇岛的爪哇人化石共同证实了东亚大陆也有人属物种存在。这项挖掘研究以一颗臼齿化石为起点，直到1937年日本发动全面侵华战争才结束。1941年，第二次世界大战正在进行中，为了确保化石的安全，中国原本计划将化石运往美国，它却在渤海湾的秦皇岛码头上消失得无影无踪。

人类学学者为了找回北京人化石的真品，陆续展开了一连串追踪调查。他们对化石的下落提出了不同的猜想。有人说是被美国中央情报局拿走的，也有人说化石其实就在中国政府手上。2012年，某家报刊登了一篇报道，有证人声称自己小时候见过装有这些化石的木箱。该消息传出后在中国闹得沸沸扬扬。这位目击者后来与某位知名科学家取得联系，科学家调查后得出结论：因为战争的炮火攻击，大部分装有化石的木箱极有可能已被摧毁。就算有少数木箱保留了下来，现在也已被埋在地下，而那片区域早就铺上了水泥，发展成了港口。不过，这种情况的可能性极小，所以不建议拆除港口进行挖掘。这个说法引起了高度关注，但截至2017年年底，尚未传出任何有新闻价值的报道。

坊间同样流传着诸多类似的“传说”，被日本黑道夺走的说法也是其中之一。身为一名人类学学者，确认这位记者的说法是否属实，理当是我分内之事。一想到有机会解开数十年未解的谜团，我既兴奋又紧张，于是给人在美国的导师发了一封电子邮件，想和他好好商量一番。他立刻回信：“绝对不行！”导师极力劝阻我，他认为这件事十分危险。因为不敢违抗他的意思，我只好回信拒绝了那位记者。胆小如鼠的我，连远在太平洋彼岸的导师的“命令”都不敢违抗，更不用说潜入黑道了。也许这真的超出了我的能力范围吧。

北京人是懂得控制火的坚强人类?

虽然消失的北京人化石至今仍未被寻回，但这不代表相关的研究中断了。德国解剖学家弗兰茨·魏敦瑞（Franz Weidenreich）其实还留有这些化石的复制品，其精致程度几乎可以以假乱真，众多学者借此才能对北京人的生活方式进行持续研究。

北京的冬天非常寒冷，更不用说50万年前的冰河时期会有多冷。为了在如此严苛的环境中生存下去，北京人必须想出一些“文化性”的适应手段。于是，他们住在洞穴中，穿着暖和的兽皮和毛皮，甚至会生火取暖。

在周口店的洞穴中，人们不仅发现了北京人的化石，而且找到了圆形的灰烬和生火的痕迹，以及各种各样的动物骨骼与石器。此刻，你的心中是否浮现出这般景象：在风雪交加的深山中，一群人窝在温暖的洞穴里，生起篝火围坐成一圈，一边暖和冻僵的身体，一边吃着烤肉，一边叽叽喳喳地闲聊个不停。生活在周口店洞穴中的北京人，被认为拥有如此“人性化”

的面貌，而这种印象也一直深深烙印在人们的脑海中。

随着科学家在中国及世界各地陆续发现了更多直立人时期的化石，他们对北京人日常生活图景的认识也产生了很大的改变，尤其是北京人“懂得控制火”这一点。遗迹中的确有使用火的痕迹，北京人“用过火”这一点毋庸置疑。但他们是否真的懂得保存火种，并且在需要时自行用火，我们无从得知。也有可能是在他们附近偶然间发生了天然火灾，他们趁机烤肉取暖。这两者之间的差别，可以说是决定北京人进化地位的关键。如果他们能够在需要时主动用火，并且可以自由地控制火，就说明他们的生活形态已经非常接近现代人类了。

纽约大学人类学系教授苏珊·安东（Susan Antón）对这个主题做了一些耐人寻味的观察研究。她认为北京人生活在周口店的时间点，并不是气候严寒的冰段[1]，

---

[1] 原编者注：指温度、时长都不足以被认定为冰期的时期，时间跨度为几千年。“冰期”是指在冰河时期中，一段全球低温、地表结冰的时期，时间跨度达数十万年。

而是较为温暖的间冰段[1]。她也对北京人化石的代表性提出了质疑，认为北京人不足以代表直立人，有可能只是因为某种特殊情况而意外葬身于周口店的个体样本。换句话说，她意指北京人是偶然间从外地来到周口店的直立人。数十年来，北京人一直被当作中国直立人的代表，现在却说很有可能是从别的地方来的，实在是相当讽刺。

那么，这个不住在北京的北京人究竟是谁呢？目前生存在亚洲大陆的现代人类（智人），大致可分为聚集在内陆的北方人与沿着海岸线分布的南方人。直立人的分布情况也是如此。北京人到底属于哪一个群体？他们是懂得用毛皮与火来抵御严寒气候的北方人，还是趁着间冰段，偶然来到东北亚寒冷内陆的南方人？过去的主流观点通常假设他们是北方人，但安东教授的研究结果也谨慎地显示出他们是南方人的可能性。

当然，这些都只是假设。无论是哪一种观点，至

[1] 原编者注：指两段冰期之间温度较高、结冰消融的时期。

今都没有确切的证据可以证明。如同那消失的化石真品，曾经令我们坚信不疑的北京人身世，如今也陷入了重重迷雾之中。

下落不明的化石真品

最后来聊聊日本记者追查的北京人化石下落，为这一章画下句号。后来，在听说日本黑道有多么可怕之后，我着实吓了一大跳，因此删除了所有相关的电子邮件，与那位连名字都想不起来的记者也断绝了联系。后来一直没有传出在日本发现北京人化石的消息，我只能猜测那场潜入行动以失败收场，又或许这根本就是个错误的情报。原本一生中可能只有一次的刺激体验，最后就这样平淡地落幕了。

10年后，我站在周口店的洞穴中，脑海中隐约浮现出这些模糊又遥远的记忆。北京人化石现在究竟在何方？莫非真的在日本黑道的入会仪式上？还是早已被运送到了美国？又或许像喧嚣一时的报道所说，深埋在港口地下的北京人化石正独自凄凉地见证着战火后经济快速起飞的中国？50万年前，奔走在东亚大陆上的北京人，无论如今身在何处，想必都思念着故乡吧。在同种的直立人当中，他或许就是那位走得最远的旅行者。

“没有脸”的北京人与食人风俗

在人们对北京人的各种想象中，其实也有令人毛骨悚然的版本：“由于当时食物严重不足，他们偶尔会杀掉同伴来吃。”这种假设当然也不是空穴来风。因为在周口店的北京人化石中，很多只有头盖骨而没有脸骨。其实不单是北京人，在亚洲出土的古人类化石大部分只留下了包覆大脑的头盖骨，面部的骨头都消失不见了。

事实上，脸骨比较细小且容易碎裂，本来就不容易以化石形态留存下来。即便如此，也不会出现像北京人那样的极端状况，因为在欧洲与非洲出土的古人类化石，大多是带有脸孔的。那么，为什么在亚洲发现的人类化石没有脸呢？真的是因为他们有食人风俗吗？在风雪交加的寒冷深山中，为了生存下去，只好吃了另一个人吗？

前面曾经提到，食人风俗绝非人类饮食形态中的一环（参见第1章）。可能是有其他

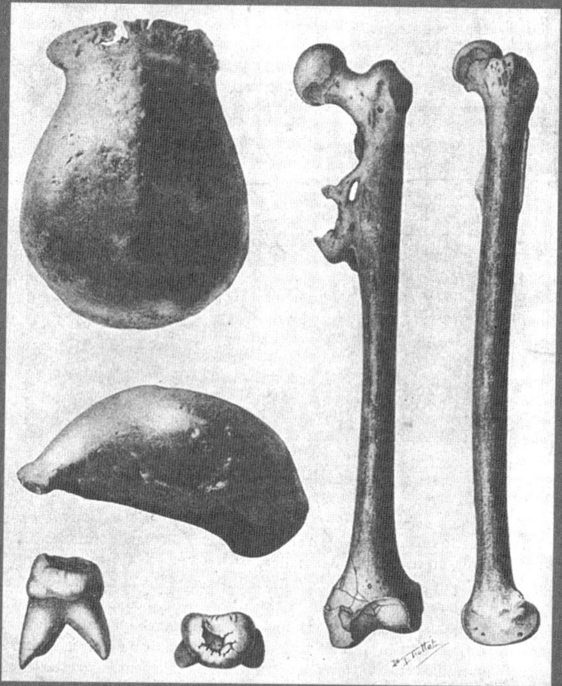

★

1891年在印度尼西亚爪哇岛发现的
“爪哇人”化石画像。

的原因，只是我们还未发现。另外，除了食人风俗，也有学者认为北京人极为凶残且具有攻击性。因为北京人的头骨较厚实，有可能是适应了打架互殴的生活而形成的骨骼特征。不过，同时期的人类化石在世界其他地区陆续被发现，这证实了厚实的头骨不只是亚洲直立人独有的特征。因此，无论是北京人会吃人，还是北京人爱互殴的说法，至今都尚未被广泛承认。

11

★

挑战非洲堡垒的亚洲人类

有论点支持人类的祖先来自中国。但前面几章曾多次提及，目前已知最早的人类是在500万至400万年前诞生于非洲大陆，如果将乍得沙赫人与图根原人也考虑进去，人类祖先诞生的年代甚至可以往前推至700万至600万年前，而诞生的地点同样是在非洲（参见第3章）。此外，也有许多论点支持现代智人起源于非洲（本书后半章节将对此进行更仔细的探讨）。直立人出现的时间点介于最早人类与现代智人之间，但他们也很有可能诞生于非洲。

人类进化史上所发生的重大事件，地理背景几乎都在非洲，这让“人类起源于非洲”这一说法在某种程度上几乎成为定论。然而，这种情况并没有持续太久。不久前，世界各国开始声称自己才是人类的起源地。1975年，中国研究小组在发表的一份报告中提出，在中国发现了南方古猿的化石。有一项证据让我们无法断然否定这个说法，因为现代智人的直系祖先——直立人的故乡，确实有可能就在亚洲。

人类最早的直系祖先在亚洲?

19世纪末，达尔文提出了著名的“进化论”，让人类产生了前所未有的新思维。达尔文认为，人类并不是突然在某个时刻出现在地球上的，也不是一出现就是现在这个样貌。他让人们开始相信，人类与类人猿有共同的祖先，人类祖先的外貌其实长得“不太像人”，而是介于猿猴与人类之间，简单来说，就是同时具备了人类与类人猿的优点。

荷兰阿姆斯特丹大学的解剖学家尤金·杜布瓦（Eugene Dubois）也支持达尔文的学说。他猜想，人类祖先生活的地方应该与现在的类人猿十分相似，因此他们的化石可能会出现在类人猿居住的茂密森林中。他投入大量资金，开始在东南亚的热带雨林进行挖掘，结果于1891年在印度尼西亚的爪哇岛上成功发现了人类化石。事实上，许多人类学学者即便耗费数十年时间也很难找到一块骨头化石。杜布瓦在首次挖掘的基地上如愿找到期望中的化石，简直就是奇迹。在考古学的历史上，像他这么走运的，大概也只有著名的古人类学世家——李基家族中的理查德·李基（Richard Leakey）了吧（我们等一下再来说这个故事）。

杜布瓦发现的人类化石被称为“爪哇人”，由一块头骨、一根股骨与一颗牙齿组成。其头骨外观扁平且小，股骨则与现代智人极为相似，这说明爪哇人的头脑虽然不比现代智人聪明，却能直立并以两足稳步行走。因此，杜布瓦撷取“直立行走的半猿半人”之意，将化石名称更改为“直立猿人”（*Pithecanthropus erectus*）。不过，此物种日后被重新归为直立人的一种[1]。

看到这里时，你是否认为杜布瓦顺利找到了人类直系祖先，并受到了古人类学界的一致认可？但是，19世纪末的社会并非如此。以聪明自诩的人类，祖先竟然先进化出直立步行，后来才长出大脑袋！当时，许多学者对此并不认同，他们认为爪哇人的头太小，

---

[1] 化石从地底被挖掘出来时，没有人知道它确切的属名与种名。学者会通过不断研究，反复确认甚至重新确定化石的分类名称，这种变更种名的情况在学界是常有的事。

智商又低，即便能以两足步行，也无法将其归为“人类”（参见第3章）。最后，杜布瓦在学术界与社会的冷落之下，抑郁地度过余生。

谁来角逐人类直系祖先的宝座？

杜布瓦发现的爪哇人，并没有顺利登上人类直系祖先的宝座，而对这一荣誉的角逐，即便到了20世纪也始终未曾停歇。20世纪初，在欧洲、非洲及亚洲3个大陆，同时出现了足以夺下这份荣耀的划时代发现。

首先，欧洲传出消息，在英国首都伦敦近郊的皮尔当村发现了“皮尔当人”的化石。由于皮尔当人的样貌十分符合当时人们对人类祖先的期待，因此受到各界的高度肯定。其头骨的尺寸较大且线条圆润，并且长有尖锐吓人的獠牙，这说明皮尔当人拥有发达的头脑与颇具威胁性的体形，外观勇猛十足。如此雄姿焕发的祖先化石，竟是在伦敦附近发现的，对曾经自称生活于“日不落帝国”的英国人民而言，多少起到了一点抚慰心灵的作用。但自从皮尔当人出土后，各种指称化石造假的传言不胫而走，直到20世纪50年代，它才终于被判定为一场丑陋的世纪骗局。

第二位候选者是20世纪20年代于南非出土的幼童化石——“汤恩幼儿”（Taung child）。这是由澳大利亚人类学家雷蒙德·达特（Raymond Dart）发现的一个全新物种，之后被命名为“非洲南方古猿”。虽然目前各界都颇为认同，非洲南方古猿有可能就是人类的祖先，但其历史地位在当时未受到普遍承认，原因在于他诞生在非洲这个备受歧视、被认为是未开化的蛮荒之地。当时的欧洲人不愿意承认，人类这一伟大物种的祖先竟然起源于非洲。此外，非洲南方古猿的脑容量较小，仅与成年的黑猩猩相当，也没有留下任何打造工具的证据，甚至连牙齿都细小得不值一提，在他身上根本找不到当时人们所期待的祖先特征。

除了以上两个案例，人类学学者也开始思考第三位候选者的可能性，那就是在中国发现的北京人化石。北京人化石是在20世纪20年代于北京附近的周口店洞穴发现的古人类化石。虽然化石真品已经消失多年，留下了一堆未解的谜团（参见第10章），相关的挖掘调查却不曾间断，陆续累积了许多丰富的考古资料。此外也要归功于复制品的巧夺天工，学者才得以持续进行各种相关研究。起初，北京人被归为“中国猿人北京种”（*Sinanthropus pekinensis*），其原意为“来自北京的中国人”，到了20世纪40年代，他与爪哇人重新被归为直立人的一种。

北京人的脑容量较大（约为现代智人的三分之二），差不多是南方古猿的两倍。人们认为拥有大脑袋的北京人，其生活样貌可能相当近似于现代人类。在周口店洞穴发现的动物骨骼、石器，甚至是火熄灭后留下的圆形灰烬，都让人们可以具体想象出这样的画面：在寒冷的冰河时期，祖先们围坐在温暖的洞穴之中，不但谈笑风生，甚至还生火烤肉。科学家估计北京人的生存时期距今约50万年。北京人被认为极有可能已经发展出颇具文化性的生活形态，才能忍耐冰河时期的严寒气候（我上一章提到过，此论述近来受到挑战）。如此模样的祖先，在50万年前就诞生在这块土地上，令中国人感到骄傲不已。

种种因素让北京人似乎成了直立人的代表，也让中国有信心提出“人类直系祖先起源于中国”的主张。但是，生存年代比直立人更为久远的早期人类，如南方古猿，只有在非洲被发现的记录，他究竟如何进化成栖息在遥远亚洲的直立人？到了20世纪70年代，考古学者在东非挖掘出直立人的化石，也为这个问题找到了解答。非洲直立人的脑容量，虽不像北京人那样与现代智人相差无几，但体形高大的他们被推测出生存在200万至150万年前，这一发现为人类的起源提供了一个新版本。学者们开始认为：“直立人最早诞生于非洲，凭借发达的脑袋、高大的体形与使用工具狩猎等优势，逐渐向外迁徙至世界各地。”栖息在欧洲与亚洲大陆的直立人，同样属于此物种的一支，这说明北京人与爪哇人基本上也是起源于非洲。不可思议的是，这一假设与化石的年代和地理分布等因素不谋而合。

非洲与亚洲，何处才是你我真正的故乡？

惊喜还没结束，科学家在20世纪90年代公布了一项研究数据，将爪哇人的生存年代往前推至180万年前，这说明在直立人诞生于非洲的同一时间段，亚洲也有其他直立人存在。除非科学家能在非洲找到年代更早的直立人化石，不然爪哇人很有可能不是非洲直立人向外迁徙的产物。然而，关于生存年代的研究，目前尚存许多争议，还没有明确的结论。

接下来又出现了更强有力的证据，科学家在格鲁吉亚的德马尼西遗址发现了怪异的人类化石。我们从化石可以看出这个人种的头部与体形都偏小，一同被发现的石器制作方式也相当粗糙。人类学学者绞尽脑汁也无法解释，如此原始的石器为何会出现在非洲以外的地方，因为他们始终认为“拥有大脑袋、体形高大而且会使用工具狩猎的直立人最早诞生于非洲，日后才进化出不同的能力并迁徙至世界各地”。现在，这个看起来毫不起眼的化石，却足以推翻这种假设。

从另一方面来看，化石年代测定出的结果令人更加百思不得其解。德马尼西化石与非洲直立人一样，同属于180万年前的物种，这意味着什么？你可以猜想一个截然不同的推论：早在直立人出现以前，就已经有某个物种居住在非洲大陆了。这种早期人类不仅头部与体形偏小，制造出的器具也非常粗糙。当时，他们便以如此不起眼的样貌走出了非洲，开始迁徙至世界各地，沿途不仅经过格鲁吉亚的德马尼西，有的人甚至还一路走到了印尼的爪哇岛。后来这个物种灭绝了，只有栖息在亚洲的群体存活了下来，并独立进化成直立人。后来他们离开了亚洲，再次向世界各地迁徙，非洲的直立人也属于他们的后代。英国谢菲尔德大学的罗宾·登内尔（Robin Dennell）教授，正是主张“亚洲起源论”的欧洲学者代表。

关于人类起源的种种推论，目前都还没有足够的证据支持。但自从德马尼西的化石出土后，人们无法再将直立人起源于非洲之外的假说当成荒诞无稽的可笑主张，亚洲起源论的可能性也越来越令人难以忽视。至于哪个理论正确，不只是你我，全世界都在密切关注着。

人类学史上的世纪谎言：皮尔当人

前面已经提到，在科学与人类学史上有许多著名“骗局”，其中最广为人知的就是皮尔当人事件。1912年，在英国东萨塞克斯郡的皮尔当村，传出发现了古人类的头盖骨、犬齿以及长有臼齿的下颌骨化石的消息。曾享有“化石猎人”美名的查尔斯·道森（Charles Dawson）公开展示了这些化石，并宣称自己找到了类人猿与人类之间“消失的环节”，因此受到各界的大力赞扬。

但仔细审视整件事，我们会发现疑点重重。有学者从解剖学的角度来看，发现化石上有许多特征与类人猿变成现代智人的进化途径背道而驰。单以头部大小来说，皮尔当人的脑容量虽介于类人猿与现代智人之间（约为现代智人的三分之二），但形态比其他已知的近代化石更接近现代智人。这种情况在物种进化上实属例外了。然而，当时的人们始终坚信“脑容量的增加”是人类进化的第

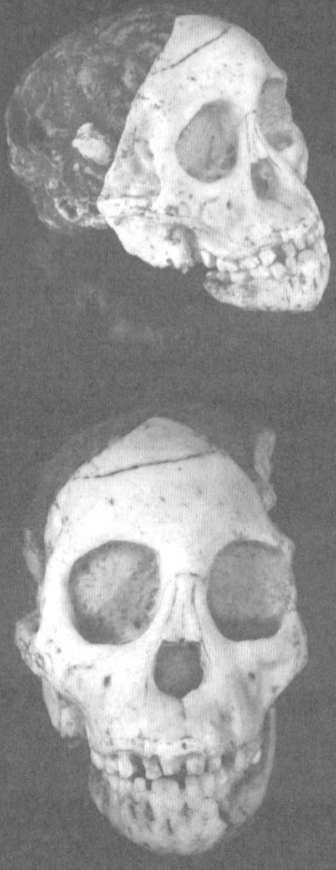

★
非洲南方古猿“汤恩幼儿”的头盖骨化石，
于20世纪20年代在南非被发现。

一步，皮尔当人的特征也十分符合这一点。所以，整个辨别化石真伪的过程耗费了40多年。

最后，在1953年，通过科学技术鉴定，皮尔当人这桩丑陋骗局才被揭穿。当时所采用的氟年代测定法也因此声名大噪。这种方法可以测出物件的“相对年代”而非“正确年代”：通过对各个物件进行比较，来判定其时间上的先后顺序。生物体从被埋葬的那一刻起，就开始吸收周围土壤中的氟，所以骨骼的年代越久远，氟含量会越高。科学家检验皮尔当人化石，发现其头盖骨与下颌骨的氟含量竟然不一样，因此判定这些骨骼化石并非来自同一个个体。最后真相水落石出，轰动一时的皮尔当人化石，原来是由一个中世纪现代智人的头盖骨、500年前一只猩猩的下颌骨以及一颗黑猩猩的牙齿拼凑而成的赝品。

12

★

同心合作你和我

2012年，美国东岸的一所小学发生枪击屠杀事件，共有30多名师生被杀害，枪手泯灭人性的行径令人发指。过了一段时间之后，这起惨案中的感人片段也相继被报道。当时的校长为了保护学生的安全，竟用自己的身体阻挡枪手的射击。有位班主任把年幼的学生藏在衣帽柜中，然后独自将枪手引开。另一位老师干脆冲出去与枪手直接对抗。这3位挺身而出与枪手对峙的人，全是身形柔弱的女性，是什么原因促使她们做出如此英勇的举动？难道是出自母性的保护本能？

也许你会认为，这是在极端情况下的特殊案例。但事实上，生活中处处可见那些不为名利、甘愿自己吃亏也要默默行善的人。在人类的社会中，乐于助人不求回报的感人故事，并不罕见。

乐于助人源于基因

在动物的世界中，也有许多为了群体利益而牺牲自我的例子，最具代表性的就是蚂蚁与蜜蜂。工蚁与工蜂不仅一生都要辛勤劳动，而且当入侵者出现时，它们会奋不顾身地攻击对方。猴子也不是好惹的，如果发现有危险，它们会大声喊叫，警告同伴快去躲避，但发出警告的猴子会引起入侵者的注意而独自陷入险境。难道这些蚂蚁、蜜蜂与猴子都傻吗？瞒着其他同伴偷偷躲起来，才是对自己最有利的做法，它们为什么不这样做呢？在物种进化的过程中，为了延续自身基因而存在的这些动物，是什么让它们舍弃个体利益、保护集体利益呢？

著名的美国社会生物学家爱德华·威尔逊（Edward O. Wilson）从蚂蚁与蜜蜂身上找到了答案。每个蚁巢都有一只蚁后，肩负着产卵与繁殖后代的任务，每只蚂蚁都是由蚁后生出来的，它们拥有极为相似的基因，几乎跟复制出来的一样。蜂巢里的情况也几乎如此。由于彼此的基因相同，在它们之间并没有你我之分，每只蚂蚁都是一个相同的“我”。而群体中的所有蚂蚁只有一个目标，就是将一生奉献给蚁后，照顾它产下的后代。因为就算自己死去，相同的基因依旧能借由其他蚂蚁延续下去。蚁后产下的子子孙孙等于数也数不尽的“自己”，即便“我”独自死去，如果其他无数的“我”能安然无恙地活下去，从基因的角度来看，“我”的牺牲就不算是一桩亏本的买卖。

像这样完全忽略自我意识的存在、甘愿为集体牺牲奉献的思维模式，从根本上来说，其实是一种极端的利己主义——即使我死了，我的基因也能借由群体中的其他成员被完好无缺地保留下来。随着威尔逊的著作《社会生物学》（*Sociobiology*，1975）与理查德·道金斯（Richard Dawkins）的《自私的基因》（*The Selfish Gene*，1976）畅销，以此为理论基础的社会生物学开始引起各界的关注与兴趣。

同样过着群体生活的猴子，则与蚂蚁、蜜蜂有所不同。群体中的每一只猴子并没有完全相同的基因，但它们属于同一个家族，基因形态也极为类似。既然同宗同源、血脉相连，那么它们也会牺牲“自我”的利益来帮助其他同伴。英国进化生物学家威廉·汉密尔顿（William Hamilton）提出了“汉密尔顿法则”，解释这项观察结果：基于基因共享，有利于群体的行为也会有利于自我。他用数学公式呈现了亲属间基因的相关系数：

$$rB>C$$

接受者得到的利益（B）与他和受惠者之间的亲属辈分（r）相乘后的数值，若是大于行动者付出的代价（C），就会出现利他行为。举例来说，从概率上说，我与二等血亲的基因有50%是一致的，与四等血亲的基因则有12.5%是相同的。因此，若把相等数值的代价与利益代入公式，结果等于2个兄弟姐妹或8个表兄弟姐妹，他们在进化上与我是“等值”的。汉密尔顿曾以此为根据说：“我将会为了2位兄弟或是8位表亲，舍弃自己的生命。”因为他认为不管是哪种情况，最后存活下来的基因数量都是相同的。

这些数值到底要如何计算，其实一点儿都不重要。此公式要强调的是基因至上的概念，每个生物个体只不过是用来承接基因的容器。我们也可以从另一种角度来解释家庭中成年男性的行为，表面上是为了养育孩子而在外辛苦工作，但说到底也是为了延续自己的基因罢了。那么，为了非特定人士的自我牺牲行为，又该如何解释？按照汉密尔顿的理论，这种不为名利的匿名牺牲，只能被解释为人类在漫长进化过程中，与亲族发展出的一种惯性行为。

然而，这无法解释人类社会中的合作行为，因为我们并非如同蚂蚁般的复制体，而人们口中的“家人”也不一定全都具有血缘关系。在我们重视的各种社会关系中，有很多是如家人一般的好友。此外，在许多文化中，“父亲”只是一种关系上的称谓，因为未奉行一夫一妻制，所以很难判定孩子与父亲之间是否一定有血缘关系。那遵行一夫一妻制的现代社会呢？离婚、再婚、同居、领养、精子捐赠……社会的发展正逐渐改写着“家人”与“家庭”的定义。

人类群体的结合其实早已超越亲情血缘上的关系，与猴子仅以亲属关系组成的群体迥然不同。请回想一下，今天与你有联系的人，无论是通过手机、电子邮件、社交网络交流，还是在现实中见面，其中有几位是你的家人或亲戚呢？与你互动最频繁的人可能跟你没有任何血缘关系，有些人可能根本就不会再见面，即便你帮助他们，对自己的基因延续也毫无益处。

但人类依旧会牺牲自己的利益来帮助素昧平生的陌生人，有的人会捐血、捐钱或是捐食物，也有人捐出自己宝贵的器官。这些人不为名利，也不奢求什么回报，甚至不愿意透露自己的身份而刻意匿名行善。人类的这种行为在自然界十分罕见，猴子根本就无法理解。

人类对于家族的概念，其实早已脱离亲属血缘的范围。社会上形形色色的人际关系，都在“家人”的框架下一点一滴积累而成。我们在称呼外人时，通常也会用自然血亲而非姻亲的称谓，比如，对于妈妈辈的女性，我们可能会称呼她为“阿姨”，却不会叫“舅妈”。与其说我们认定血缘的重要性，不如说我们很自然地将家人般的关系套用在社会人际关系上。

在过去的传统社会中，可能整个村都住着有血缘关系的家族。就算将互相帮助的行为归因于人类虚幻的乡愁与惯性，但这难道不是形成社会关系的基础吗？如今住在大城市的我们，家人不在身边，所以我们结交朋友以互相照顾。朋友就是家人，过去如此，现在也是如此。毫无血缘关系的人们称兄道弟、互相扶持，甚至会为了对方的利益而舍弃自我利益，这不仅是人类独有的行为，而且让我们由内而外成为一个更有情有义的人。

从百万年前开始互相帮助

那么，人类从何时开始出现如此独特的行为呢？首先，我们从已灭绝的人类近亲——尼安德特人身上可以看出一些端倪。20世纪初，在法国的圣沙拜尔（La Chapelle-aux-Saints）遗址中，发现了一具脊椎骨严重弯曲的尼安德特人化石。起初，学者认为这是尼安德特人走路弯腰驼背所致，并且将这种无法如现代人类般挺身站直的模样视为尼安德特人“愚笨痴呆”的一大特征。此外，化石的下颌向外突出，口腔向内凹陷。科学家以这具化石为基础，重建出尼安德特人的样貌。而这个印象在很长一段时间里深植在人们心中。

但后来的研究结果发现，脊椎骨化石之所以会如此弯曲，是因为罹患了关节炎，而关节炎的病因是高龄退化。此外，口腔向内凹陷只是因为该化石的牙齿几乎掉光，尤其是臼齿的部位颇耐人寻味。如果牙齿是在死亡前后才掉落的，下颌化石表面应该会出现牙齿掉落后的凹洞；如果牙齿掉落后，人还持续存活了一段时间，凹洞的部分会被填补起来，牙龈骨也会被磨成光滑的外观，而圣沙拜尔的化石属于后一种情况。

综合以上结果，我们可以了解到，这具化石的主人是一位老年人，他在老年时罹患了关节炎，即便臼齿已掉光，但他依然活了很长的一段时间。这具化石被冠以“圣沙拜尔的老人”这一绰号。说是老人，但当时的生活条件严苛，平均寿命也很短，因此他的年龄只有30到40岁。问题来了，这名牙齿几乎掉光且患有关节炎、无法正常行走的尼安德特老人，是如何在冰河时期活下来的？在当时恶劣的环境下，应该很难找到食物，就算偶尔找到了食物，他应该也无法细细咀嚼。那么只剩下一种可能，就是有人在照顾他。

目前，人类学家也都认为，若不是有人照料，“圣沙拜尔的老人”应该无法活到这个岁数。

圣沙拜尔的化石证明尼安德特人有喂养同伴的行为，但这并非第一次出现的证据。20世纪50年代，在伊拉克沙尼达尔出土的尼安德特人化石（沙尼达尔一号），被判定在年轻时曾受过重伤。从头骨上的痕迹来看，他的左眼很可能已经失明。在眼窝周围的骨头上，一般会有视神经可以穿过的小孔洞，但化石上的这些孔洞呈现堵塞状态，说明其左眼视神经早已坏死。他的头部左边也曾遭受重击，造成左大脑受到严重损害，导致右半身几乎无法正常行动，右手臂骨萎缩，右大腿也无法正常行走，因此他走起路来一瘸一拐的。种种迹象表明，该化石的主人应该是一名老年人，他虽然在年轻时受过重伤，无法独自生活，但受到了某人的细心照料，能够继续活下去。

近期许多关于化石的研究结果都显示，生存年代比尼安德特人更早的人类也有此种利他行为。科学家在格鲁吉亚境内的德马尼西遗址发现了存活于180万年前的古人类化石。其中部分化石有牙齿掉光的痕迹，从其头盖骨的颅缝状态来推测，化石的主人是一名老人。在冰河时期食物不足的恶劣环境下，除非有人外出寻找食物，或是将食物“加工”以方便吞咽，不然这位没有牙齿的老人根本就无法存活。但这些化石告诉我们，他确实活了一段时间。

德马尼西化石的年代，正好是人属物种（现代人类所属物种）开始出现的时候。那时人类的外貌和体形与更早之前的南方古猿并没有太大差异，矮小瘦弱，脑袋也不太聪明。不过有一点非常不同，那就是人类懂得互相帮助（至少从最早发现的化石资料来看是这样）。

人类最强大的武器：合作与利他主义

人类为什么会互相帮助？对陌生人做出利他主义行为的原动力又是什么？或许，体形矮小瘦弱是最重要的原因。为了克服无法预测的恶劣环境，一味地追求生理上的强大是行不通的，人类必须采取灵活多变的生存策略来适应环境。

冰河时期的气候并非一直都处于极寒状态，有时也会变得稍微温暖，有时在经历干旱之后，紧接着是一场又一场暴雨。变化多端的气候也使地形景观不断变化，海平面下降，海上的岛屿顿时变成一整片陆地，原本的汪洋也变成一座座高耸的山冈。动物和植物必须想办法适应不断改变的环境，否则会有灭绝的危险。

为了在如此极端的环境中生存下去，人类首先学会了观察，而且慢慢发现了一个事实：自然环境的改变并非发生在一瞬间，而是周期性的。当相似的气候和环境条件再次出现时，人们就能从过去的经验中学习如何应变。

人类就是这样进化出了传承文化与传播知识的能力，由年迈的老人将漫长岁月中累积下来的一切知识传给后代（参见第8章）。通过这种方式，人类可以适应从前类人猿无法居住的环境。或许在最初，人类将老年人视为获取知识的重要来源，所以才会给予协助。但不知从何时开始，这种行为已变成一种无条件且普遍的现象。人类这种普遍的合作意识与利他主义，都是其他动物没有的。即使自己拥有的不多，也能大方地与陌生人一同分享；即便自身的力量不足，也会愿意帮助陷入困苦的他人，并通过这些举动给予他人共同参与社会的机会。即使过了数千年，人类至今也在不知不觉中实践着“爱人如己”的精神。

我有时会这样想：自己双眼近视到快要看不见，却依然可以享受生活中的一切，这都要感谢发明眼镜的人。不过我也十分确定，就算活在没有眼镜的世界中，我应该还是可以好好地活下来。即便是诞生在尼安德特人或是更早的人类社会，大概也没有人会弃我于不顾，眼睁睁地看着我被野熊抓去吃掉吧。

沙尼达尔洞穴中的尼安德特人

前面提到的沙尼达尔洞穴遗址，其位置在伊拉克东北部的库德斯坦山区。在20世纪50至60年代，美国哥伦比亚大学的研究团队在此处进行挖掘，发现了好几具尼安德特人的化石。每具化石的保存状态与年纪各不相同，其中最著名的就是在前文中提到的“沙尼达尔一号”与“沙尼达尔四号”。沙尼达尔一号化石属于一名老人（40岁左右），虽然年轻时受过伤，但在他人的治疗与照顾下，一直活到老年才去世。

而沙尼达尔四号化石之所以有名，是因为科学家在他身上发现了尼安德特人的葬礼风俗。四号化石周围的土壤中有花粉化石，这说明尼安德特人可能会用鲜花陪葬。这一发现支持了“人类天性爱好鲜花与和平”的观点，也有人说这是20世纪70年代反战思潮与“花癫派”的起源。然而，最近有学者提出了不同的主张，认为这些花粉有可能是

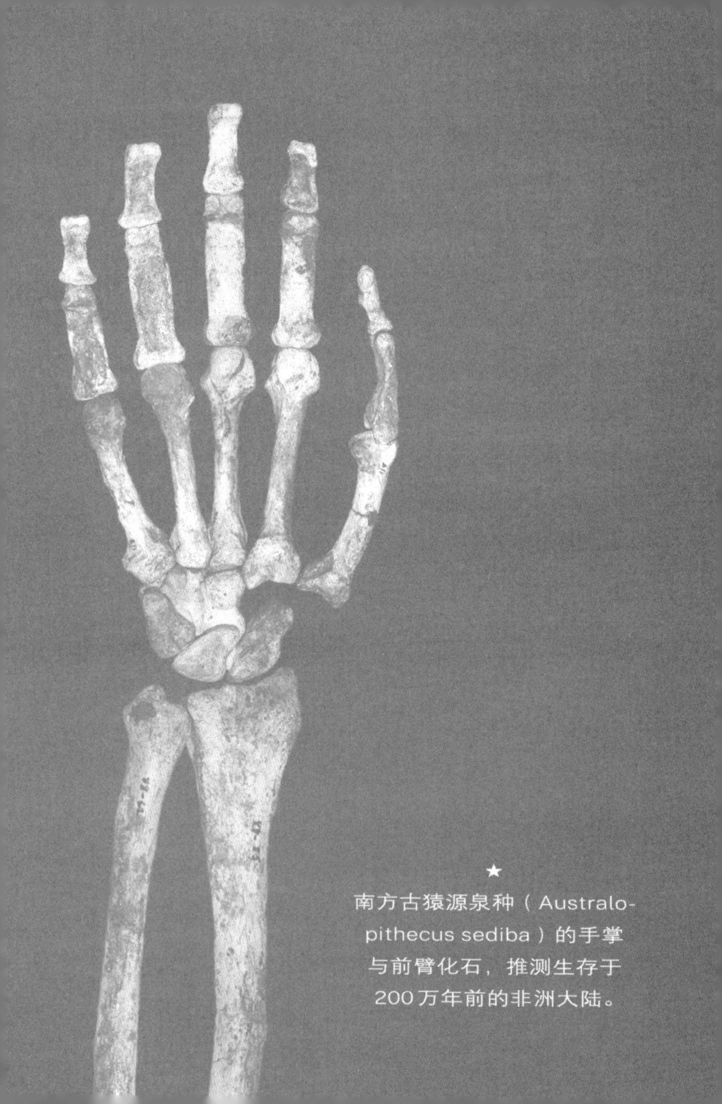

★
南方古猿源泉种（Australopithecus sediba）的手掌与前臂化石，推测生存于200万年前的非洲大陆。

粘在动物身上被带进洞穴里的，偶然间被风吹进洞里的可能性也很大。关于花粉化石的成因，目前各界仍未达成共识。

13

★

是谁害死了“金刚”？

我想大家应该都同意，龙是一种幻想出来的生物。神奇的是，它曾以人类近亲的身份，在进化史上插了一脚。这一章让我们来聊聊灵长类中体形最巨大的“巨猿”（*Gigantopithecus*），以及它差一点变成龙的故事。

走进中国传统的药店，听都没听过的药材应有尽有，其中甚至有所谓的“龙骨”。龙骨其实是一味中药材，需磨碎后使用，因非常受欢迎以至于供不应求。20世纪初，有许多欧洲人来到中国旅游，出生于德国的古生物学者孔尼华（Gustav Heinrich Ralph von Koenigswald）也是其中之一。某天，孔尼华在香港的中药铺见到被当作药材贩售的龙骨时吓了一大跳，定神一看才发现，那竟然是一颗类人猿的牙齿化石。

每一种动物的牙齿都长得不一样，对受过专业训练的古生物学家或是古人类学家来说，他们光看牙齿就能判断出是何物种。该化石的外观无疑是类人猿的牙齿，令人不解的是，它比当时已知的任何类人猿牙齿都要大上许多。孔尼华仔细检查从香港药铺买来的龙骨，判断它是某种类人猿的右下排第三大臼齿。通过持续不断的研究，他在1952年发表了一篇论文，将这个类人猿归为全新的化石物种，并且命名为“步氏巨猿”（*Gigantopithecus blacki*）。其学名中的“巨猿”意指“巨大的类人猿”，“步氏”则是撷自著名古生物学家步达生（Davidson Black）的名字。

虽然人们对龙骨的主人并非真正的龙而感到失望，但得知这是某个近似于大猩猩、体形像怪物般巨大的类人猿牙齿时，倒也很兴奋。孔尼华的论文发表后，社会各界开始积极寻找巨猿化石。

“金刚”还活着？

在中国华南地区，有许多石灰岩洞窟，周边一望无际且富含矿物质的石灰岩土壤则被当成了农地。20世纪50至60年代，当地农人在翻地松土时，竟挖出了数百颗巨猿的牙齿化石。许多古生物学家一听到这个消息，立即赶往现场进行调查，并陆续发表了相关的研究论文。此后，中国学者虽持续进行挖掘，但只找到了3块下颌骨与数千颗牙齿。直到今天，仍有发现巨猿化石的研究报告公之于世，但只有牙齿化石。

等等，现在失望还有点早。即使只有下颌骨和牙齿化石，人类学家与古生物学家仍可从中获得许多重要信息。首先，科学家可以根据牙齿的大小推测出巨猿的体形。目前灵长类动物中，体形最大的是大猩猩。雄性大猩猩的体重约180千克，雌性大猩猩则是90千克左右。巨猿体重约270千克，大概是雄性大猩猩的1.5倍（部分学者认为巨猿最重可达360千克，是雄性大猩猩的2倍），身高2.7米。要想进行更准确的预测，我们就必须找到直接承受体重的大腿骨化石。总而言之，单从牙齿就可以看出，龙骨的主人并非文章开头所提到的龙，而是拥有超大体形的“金刚”。

它们的体形为何会如此巨大？最容易联想到的原因就是雄性间的竞争。假设只有少数雄性有机会跟雌性交配，为了“被选上”，雄性不得不靠激烈的打斗来争取那宝贵的名额，通常块头越大就越占优势。体形庞大的雄性总是被选为传宗接代的对象，基因特征就更有可能被传递给下一代。雄性之间竞争得越激烈，体形就变得越大。这个现象正是生物学上的“二型性”[1]，说明此种动物的交配模式应为单一雄性独占复数雌性；相反，雌雄体形差异不大的动物，交配模式通常是单一雄性与单一雌性，雄性不需要激烈打斗也能与雌性交配，两性也会一起养育后代。只要了解了雌雄动物的体形差异，我们就可以推测出它们的交配模式。

然而，造成巨猿体形巨大的主因，并不是雄性间的竞争行为。2009年，我到中国参加一场学术研讨会，席间遇见一位研究巨猿长达数十年的古人类学学者，他就是目前已退休的张银运博士。他将自己长期收集的研究资料交给我，那是一大盒索引卡，上面密密麻麻记载了每颗巨猿牙齿化石的信息，并拜托我接手他个人未完成的研究。承蒙张博士的信任，我正式展开了巨猿之谜的调查工作。

---

[1] 原编者注：指同一种生物不同性别之间的差异性，如颜色、犄角、獠牙等。还有一个常见的例子便是体形差异，哺乳类和鸟类通常是雄性体形较大，昆虫则多为雌性体大。

如文献记载，巨猿的牙齿真的非常大，这说明巨猿雌雄间体形的差异应该也很大，但这方面的资料我早有耳闻。突然间，有个古怪的东西映入眼帘。我发现巨猿的獠牙格外细小，在比例上与其体形完全无法匹配，即便考虑到雌雄间的体形差异，獠牙尺寸依旧偏小。雄性动物在打斗时，獠牙是非常重要的武器，如果雌雄间的体形差异不大，但獠牙大小明显不同，便意味着雄性间的竞争应该还是颇为激烈的，黑猩猩就是一个最好的例子。相反，如果雄性间不需要激烈竞争，雌雄两性的獠牙大小通常不会有太大差异，人类就是如此，男人和女人无论是体形或是犬齿大小都没有明显差别。

雌雄巨猿在体形上虽有明显差异，獠牙大小却差不多，说明雄性巨猿之间应该没有太激烈的竞争行为。那又是什么原因导致雄性巨猿的体形变得如此巨大？

第二个原因很有可能是掠食者的出现。如果动物拥有庞大的体形，则在击退掠食者时会更为有利，因此雄性特别容易出现体形较大的倾向。但掠食者在挑选猎物时并不会区分性别，雌性的体形没有变大很可能与繁殖有关。灵长类动物要使体形变大，就需要更长的生长期。一旦生长期延长，性成熟期就会推迟到来，这对雌性的怀孕分娩来说往往是弊大于利的。因此，雌性的生长期通常较短，而雄性会延长生长期，以便继续长得更高、更壮，久而久之就演变出两性体形上的显著差异。研究灵长类动物的实际成长情况，我们的确可以发现雌性的成长期与性成熟期相对稳定，每只雌性的体形也都差不多。雄性则容易受到环境影响而出现生长期缩短或延长的情况，个别雄性间的体形差异也十分明显。

所以，我们综合以上线索可以推测，当时有某个可怕的天敌出现了。到底是谁迫使巨猿必须用如此庞大的体形来武装自己？答案或许会令你大吃一惊（也可能不会）——人类极有可能就是让巨猿变成“金刚”的始作俑者。

人类与“金刚”的战争

巨猿的栖息地位于中国华南一带，它们生活在距今120万至30万年前，同一时期还有直立人在东亚大陆四处活动。目前，我们已经知道直立人会猎捕大型野兽作为食物，在北京周口店以及中国各地的直立人遗迹中，挖掘出了许多马骨，就是马匹被猎捕并啃食干净后遗留下来的骨头。甚至有学者以此推论，亚洲原生马之所以会灭绝，是因为被直立人吃光了。

那么，直立人也会猎捕巨猿吗？截至目前，我们尚未发现相关证据。要想证明这一假设，至少得在同一地点同时发现巨猿与直立人的骨头化石。美国爱荷华大学人类学系的拉塞尔·西奥乔（Russell Ciochon）教授声称，他在越南同一地点发现了直立人与巨猿的牙齿化石，但又在2009年改口说那不是直立人的牙齿，并收回了之前的话。

虽然猎人与猎物的假设不成立，但这并不代表直立人与巨猿之间就没有任何关联。人类学学者推测这两个物种之间存在着激烈的竞争关系，甚至由此导致了巨猿的灭绝。栖息在华南竹林地的巨猿，与吃竹子的熊猫互相竞争。当直立人加入之后，竞争态势更趋于白热化。但不吃竹子的直立人跟巨猿竞争什么呢？答案是，制作工具的材料。

比起在非洲或欧洲发现的直立人，东亚直立人做出来的石器不仅十分粗糙，数量也相对较少。部分学者推测，这可能是因为亚洲直立人就地取材，以当时在东南亚大量生长的竹子取代石头来制作器具。相较于石头，竹子难保存，所以才难以找到竹器的遗迹。按照这个说法，正是因为直立人以制作工具为目的大量砍伐竹林，所以日后巨猿的生存空间变得越来越小。

此外，巨猿灭绝前经历过严重饥荒。虽然巨猿以竹林为主要栖息地，主食却不是竹子。观察巨猿的牙齿，我们可以发现它们与其他类人猿一样属于杂食性动物。特别是它们的牙齿上有许多蛀牙的痕迹，想必是十分爱吃香甜的果实。通过牙齿化石，我们还可看出巨猿的牙釉质发育不全，这说明它们在生长阶段就有营养不良的症状。虽说热带地区植物种类丰富，但也不足以让号称“金刚”的巨猿仅吃果实就能果腹。

巨猿经历了中更新世，气候在温暖湿热与干燥寒冷间交替循环，并逐渐变得越来越干、越来越冷。栖息地不断缩小，已经使巨猿的生存备受威胁。气候变迁又导致了食物短缺，巨猿得不到足够的食物来供应庞大的身躯。曾是史上体形最大的灵长类动物，就这样一步步走向灭亡。

我讲巨猿的故事，并不只是想告诉各位它们的命运有多悲惨。人类在更新世时期同样面临资源短缺的问题，但人类有办法与其他动物竞争，成为世界上最优秀的物种并活了下来。巨猿只不过是在那段时期里灭绝的其中一个物种罢了。

每当我想到巨猿时，脑海中就会浮现出红毛猩猩的身影。红毛猩猩的主要栖息地在东南亚，与巨猿居住过的林地相隔不远，它们不仅体形壮硕，雌雄间的体形差异也颇为明显。然而，红毛猩猩并非以单一雄性配复数雌性的方式群居，也不是单一雄性与单一雌性交配。红毛猩猩宛如单身汉，自始至终都过着独居生活。难道红毛猩猩选择独居，是为了避开地球上最可怕的掠食者——人类吗？或许它们就是从近亲的灭绝故事中领悟到，人类才是类人猿最可怕的天敌。

在不久的将来，森林砍伐与气候变迁可能会让地球上其他类人猿全部灭绝，只剩下人类这一种灵长类动物。到那个时候，我们可能很难再为自己称霸万物的生存能力和作为而感到骄傲了。

关于巨人的幻想

在人类的文化与历史中，我们随处可见巨人的身影。有关巨人的故事不仅大量出现在北欧、罗马与希腊等地的神话故事中，而且犹太教与基督教的《圣经》里也记载着巨人歌利亚的故事。直到今日，依然有人声称自己见过喜马拉雅山的雪人，或是北美地区传闻中的大脚怪，甚至有许多人为了寻找它们的踪迹而踏上旅途。

其实在古人类学的历史上，也出现过与人类直系祖先有关的巨人故事。在印度尼西亚的爪哇岛上就曾经发现拥有巨大头盖骨、下颌骨与牙齿的古人类化石，人们将其属名命名为“魁人”（*Meganthropus*），意思是“巨大的人类”。以研究北京人闻名的魏敦瑞教授出版过一本与之相关的重要著作——《猿、巨人与人》（*Apes, Giants and Man*，1946）。如今，魁人已被归为直立人的一种，学界也尚未承认巨人种的存在。

但巨猿确实是拥有巨大体形的类人猿，并且与同时期的直立人生活在同一个区域。难道是因为巨猿的印象深植在当时全人类的记忆中，所以日后逐渐演化为关于巨人的传说与神话？当然，这些只是我主观臆测，并未得到证实。

14

★

用双脚撑起文明的代价

人类总是认为自己与其他动物最大的差别就是拥有一颗聪明的脑袋，可以通过学习来累积智慧与知识，进而发展出世代传承的文化。难道我们现在所拥有的一切，全都得益于这一颗硕大的脑袋吗?

从事实上来看，聪不聪明当然与脑容量有关，人类是一种脑袋特别大的动物（从身材比例上来说）。让我们来复习一下人类脑袋的进化史。科学家从化石推测出，早期人类的脑容量仅有450毫升左右，与黑猩猩差不多，大概是现代人类的三分之一。在200万年前，人类的脑容量增至900毫升，几乎是先前的两倍。而在大约10万年前，人类的脑容量才达到了现代人类的平均值——1400毫升。

是什么原因造成如此大的改变?考古资料显示，最早的石器出现在距今250万年前，这比人类最早出现的时间还晚了二三百万年。虽然人类的语言无法以化石的形态保留下来，但应该是在脑容量变大后才出现的。因此，比起人类其他的固有特征，脑容量的增加应该是进化的第一步。更重要的是，人类的学名“智人”不就是“有智慧的人”吗?这些推想使世人自然而然地认为，人类能聪明地适应环境与使用工具，进而产生语言和文化，都要归功于这颗优秀的大脑袋。

这个观点虽然没错，但并不代表优秀的头脑就是推动人类进化的原动力。让人类变得更像人的首要特征，其实出现在与头部方向相反的双脚上（参见第3章）。

双脚比脑袋更厉害？

1974年，美国凯斯西储大学的唐纳德·约翰逊教授与其研究团队，在东非的埃塞俄比亚发现了一具古人类化石。化石出土时，收音机里刚好传来了披头士的歌曲《天空中戴着钻石的露西》，于是这具化石被叫作“露西”。人类学史上最著名的古人类化石就这样诞生了。

露西生活在330万年前，被归为“阿法南方古猿”。科学家在20世纪70年代陆续发现了许多南方古猿的化石，其中最具代表性的就是露西。露西是当时所发现的年代最久远的人类化石，但因该化石出土时，几乎没有颈部以上的部分（包括头盖骨），所以人们最想得知的头颅大小无法确认。然而，化石的另一项特征引起了人类学学者的注意——露西的双脚。

仔细观察骨骼化石，我们就能判断过去的某种动物是以两只脚还是四只脚行走。四足行走的动物，其体重会平均分散在四只脚上；两足行走的动物，其体重会全部施加在两只脚上，使承受重量的关节逐渐变大，因此很容易分辨。只要看连接双腿与躯干的髋关节，以及连接手臂与躯干的肩关节大小，我们就能得知该动物生前是用几只脚行走。

人类学学者检查阿法南方古猿的各处关节，发现其肩关节果然很小，这说明它的两只手臂不需要支撑体重，而髋关节与膝关节不仅较宽，甚至连形状也改变了。类人猿的膝关节呈圆形，这样才能让关节达到最大的旋转角度及运动范围。阿法南方古猿的膝关节则平坦厚实，可以稳定支撑重量，但运动范围有限，而髋关节则深深嵌在骨盆中，非常稳定且不易错位。肩关节没有这些特征，说明我们的祖先用双脚承受全身重量。

使用双脚行走与单纯的双脚站立，完全是两回事。现在请起身走动，感觉一下。当你跨出一步，与地面接触的部分就只剩下一只脚，而全身重量会落在那只脚上。更准确地说，是落在那只脚的脚拇指上。虽说人类用“双脚”行走，但实际上在走路时只会踩着一只脚，而单脚站立有个大问题，那就是你的身体可能会重心不稳，然后跌倒。当双脚交替前进时，身体的重量会轮流落在左右脚上，因此稳定身体的重心就变得格外重要。为了做到这一点，人类从脚趾、脚踝、小腿、膝盖、大腿到骨盆都出现了巨大变化，甚至是连接骨盆与大腿骨的肌肉也衍生出其他功能。臀部与大腿肌肉原本的功能是让双脚做出连续前后移动的动作，现在多了一个更重要的新任务，那就是稳定上半身，避免身体左右摇摆。

行走时，我们身体的重量会先落在一条腿上，然后移至脚拇指，最后才转移到另一条腿上。为了完全承接住体重，人类的脚拇指不仅演变成最大、最结实的脚趾，而且生长方向和其他脚趾一样朝着身体前方。这与类人猿的脚拇指向侧边生长的方式形成了强烈对比。

美国肯特州立大学的欧文·洛夫乔伊教授与加州大学伯克利分校的蒂姆·怀特（Tim White）教授共同发布了一份研究结果，提出露西是以两足行走的。1979年，英国的玛丽·李基博士在坦桑尼亚的利特里遗址中，也发现了踩在火山灰上的清晰足迹。当时，露西的出现已经引发了关于人类进化先后顺序的激烈辩论，而利特里的足迹化石就像是向学术界投下了一颗重磅炸弹。

此后20年间，对于人类到底是先进化出大脑袋，还是先开始用双脚走路这一问题，人们依然没有定论，因为人们无法接受“人性化”的源头竟然不是大脑，而是双脚。如今，所有的争论都已尘埃落定，学术界也一致认定，两足步行是人类进化的第一个特征。

两足步行是腰痛的根源

要成为一个人类还真不是件容易的事，两足步行其实要付出一定的代价，准确地说，你必须承受随之而来的病痛。人类在走路时，身体必须直立，而绝大部分的体重会先施加在腰与骨盆上，接着才会转移至双脚，特别是双脚在交替前进时，必须以单脚来支撑体重。人类的腰部、膝盖与髋关节像是在受苦刑，必须持续承受全身的重量，不像四只脚走路的动物那样将体重平均分散于四肢。这就是为什么人类会饱受腰部和膝盖疼痛的折磨。

尤其是怀孕的女性，她们的负担比男性更重。几十年前，大部分女性的下半辈子都是在怀孕与抱婴儿的状态中度过的。有的女性会生下五六个孩子，有的甚至会生十几个。更年期结束后，女性当了祖母，还必须帮忙照顾孙子，继续折磨自己的腰与腿。

两足步行同样会增加心脏的负担。对四只脚走路的动物来说，它们的心脏位置高于身体大多数的部位，在地心引力的牵引下，很容易将血液传送至全身。脖子有2米长的长颈鹿是个例外，但它们进化出一个特别小的头部和一颗相对大的心脏，来适应它们的体形。

双脚站立的人类，心脏的位置比较低，只有比身高的一半再高一些。我们的头部、胸部、肩膀与手臂的位置都比心脏高，这迫使心脏必须将大量的血液向上输送，相较于四足步行的动物，负担当然更大。此外，和长颈鹿相比，人类的脑部大得惊人，需要更多的血液来维持它运转。一般来说，人类大脑运转所需的能量，占每日总摄取能量的20%，而大脑正在发育中的孩子则需占50% ~ 60%。

现在，人类的心脏每时每刻都在与地心引力对抗，不断地将大量血液向上传送至身体顶端。就像希腊神话中的西西弗斯，打一场永远赢不了的战争，无论何时举白旗都不值得大惊小怪。比起其他动物，人类因心脏病死亡的概率更高。

另外，两足步行也大大增加了人类分娩时的痛苦。当人类还是胎儿的时候，头就已经很大了。若想生下大头胎儿，则妈妈的骨盆必须有足够的宽度。这又产生了另一个问题，因为两足步行的理想条件恰好与分娩的需要相反，骨盆越窄才能走得越稳。人类步行时，两边髋关节的间距越窄，越能有效减轻上半身左右晃动，避免无谓的能量消耗。当身体的能量被有效利用时，人类就能随时快速奔跑。想象一下马拉松选手的体形，基本上都是骨架窄小又修长。髋关节间的距离变窄了，骨盆自然也会变窄，这意味着分娩时骨盆可以松开的程度也比较小。即将临盆的胎儿头部平均宽度比产道要宽得多，可想而知妈妈在分娩时要经历多大的痛苦。而人类分娩时的那种裂骨之痛，就是为了两足步行而付出的代价。

建立在腰痛之上的人类文明

当然，两足步行带给人类的不是只有苦痛。事实上，因为我们用两只脚走路，才拥有了另一项更“人性化”的特征，那就是使用工具。两足步行的移动方式解放了双手，人们才能灵活地运用双手打造出各种不同的器具。

人类的上半身也因此获得解放，膈有更多自由活动的空间，呼吸顺畅之后，就能更自在地发出声音，久而久之便发展出语言。工具与语言的出现，为人类文化与文明的发展奠定了极为重要的基础。

也可以说，两足步行促使了人类的脑容量增加。为了打造出各种工具，并且懂得如何使用它们，人类还要靠言语沟通，这一切都需要更多的智能。但人类的脑袋不是平白无故突然变大的。大脑是由脂肪组成的器官，想让它变大，需要高脂肪、高蛋白质的饮食提供营养。人类使用工具，提升了狩猎技能，得以不断获得肉类，这才发展出有利于大脑发育的食肉习惯。而这一切都是从人类用双脚走路开始的，是互相影响的结果。

人类的双脚不仅撑起了文明的发展与梦想，而且让人类承受了腰痛、心脏病及分娩时的痛苦与危险。为人类文明默默牺牲至今的腰部与心脏，请多关怀它们一些，此刻暂时离开座位，站起来伸伸懒腰吧，顺便给妈妈发一条感恩的短信。别忘了，现在各位手上的手机，正是人类以分娩的苦痛为代价换来的文明利器。

猩猩也是两足步行的动物?

有人认为，除了人类，还有许多飞禽走兽也是两足步行，如大猩猩与黑猩猩，鸟类也算。虽然听起来很合理，但对这些动物来说，它们还有其他的移动方式。鸟类可以翱翔在空中，即使企鹅不会飞，它们也是游泳高手，而鸵鸟能以六七十千米的时速飞快奔跑。黑猩猩与大猩猩不但能利用四肢行动，还能爬上大树、吊挂在树枝上，利用双臂敏捷地移动。

而人类除了用双脚走路、跑步，就没有其他的移动方式了。你可以像大猩猩那样四肢着地行走吗?我估计走不了几米，你就会痛得站起来，因为这不是适合人类的移动方式。这一点非常微妙，也许正是因为这种处处受限的移动方式，人类才会发明出这么多神奇的交通工具。

★

非洲坦桑尼亚的奥都威峡谷（Olduvai Gorge），
也是李基夫妇发现能人手骨化石的地点。

15

★

寻找一张“最像人类”的脸

2012年8月，一张早期人类化石的侧脸登上了英国科学杂志《自然》的封面。虽然脸形有些狭长，但我们仍然能看出这是一张具有人类特征的面孔。突然间，我心中冒出了一个疑问：是什么样的特征，让这张脸看起来像人类一样？

杂志封面上的早期人类化石，编号为KNM-ER 62000，自从它在肯尼亚著名的库比福拉遗址被发现之后，陆陆续续被《时代》杂志等多家媒体大篇幅报道，其中甚至出现了“颠覆人类进化史”等耸动的字眼。我好奇的是，这个化石到底有什么特别，特别到可以改写人类的进化史？它拥有哪些特征，让人们将其视为人类的一分子？

接下来，我要向各位介绍的，是古人类学领域中最著名的家族故事。令人惊讶的是，整个家族上至爸爸、妈妈，下至儿子、儿媳妇还有孙女，全家三代都将毕生精力奉献在人类进化与化石研究上，他们就是英国与肯尼亚的古人类学世家——李基家族。这不仅仅是一个家族史，也是一场漫长又艰辛的人类寻根之旅，记录着他们耗费了将近半个世纪，只为了寻找一张“看起来像人类”的面孔。

寻找最早人类的化石

让我们从20世纪60年代说起。当时在肯尼亚有一对古人类学学者夫妇正兴致勃勃地进行化石研究。来自英国的路易斯·李基博士与玛丽·李基博士千方百计地想要找出某个化石，以查明人属（包括现代智人与其他所有近亲）物种的起源。简单来说，他们在寻找最早的人类。

就当时已出土的早期人类化石来看，最具代表性的是生存在200万年前、在南非发现的非洲南方古猿，以及生存在70万年前、出现在东亚与东南亚的直立人。根据李基夫妇的猜测，最早人属物种诞生的时间点，应该在非洲南方古猿之后，但样貌和形态比直立人更原始。

在20世纪60年代一直致力于挖掘研究的李基夫妇，在古人类学领域已有不少伟大成就。他们发现南方古猿不只栖息在南非，东非也有它们的踪迹。此外，玛丽·李基在坦桑尼亚的利特里遗址中，发现了著名的“火山灰上的两个脚印”。这证实了人类开始直立步行的时间应该是在330万年前，比原先各界预期的70万年前（直立人时期）还要更早。另外，他们挖掘出了拥有巨大牙齿、头颅顶上还有一道矢状嵴的鲍氏东非人（*Zinjanthropus boisei*）[1]。这些都是古人类学史上的重要里程碑。

李基夫妇虽然没有如愿找到最早的人类化石，但也没有因此感到挫败。后来，在1960至1963年间，他们在坦桑尼亚的奥都威峡谷发现了一块手骨化石，并看到了制作工具的痕迹。这是他们梦寐以求的人属祖先吗？他们将这个化石物种正式命名为“能人”，意指“有智力制作器具的人”。

---

[1] 鲍氏东非人后来更名为鲍氏南方古猿（*Australopithecus boisei*），或是鲍氏傍人（*Paranthropus boisei*）。近半个世纪以来，许多学者将南方古猿属及傍人属的物种都归在同一个属，这两个名字都可用。

父亲的梦想，儿子接手完成

李基夫妇的愿望并没有完全实现，因为手骨化石不足以作为判定新物种的证据。科学家在替人类化石命名时，都是以头骨作为主要依据，从化石的脸部与头部样貌归纳出某些特征。比如，“能人”这个名字意味着它们的脑袋要足够大，才有能力制作出有用途的器具，因此必须再找到较大的头骨与直挺的额骨化石当作证据。幸好，在后续的挖掘行动中，这些化石又被顺利地发掘出来了。但讽刺的是，就是从那时候开始，能人的历史变得支离破碎起来。

当时，科学家按照头骨的大小，把东非出土的早期人类化石分成两大类：头骨较小的归为鲍氏东非人，较大的则归为能人。但问题是，当时发现的头骨化石几乎都破碎了，无论古人类学学者的经验多么丰富，都无法仅凭细小的碎片就推算出头骨的大小。那么如何进行分类呢？他们只能大致猜测，只要是“看起来头骨颇大”的化石碎片，就分到能人那一堆。这种不精确的分类法，让能人作为单一物种的资格更加受到质疑。

终于，在20世纪70年代，肯尼亚北部的库比福拉遗址发现了一块化石。与此前挖掘出来的化石碎片不同，这是一块相对完整的头骨化石，编号为KNM-ER 1470，它清楚地呈现出能人的主要特征。发现化石的是一位名叫理查德·李基的年轻考古学者，非常凑巧地也姓李基，其实他就是李基夫妇的亲生儿子。理查德从小便跟着父母在考古现场学习，后来他跟随父母的脚步，成为一位世界闻名的古人类学家。

从理查德·李基公布的化石资料来看，化石的脑容量够大，额骨也是向上直立的，这证实了能人拥有如人类一般的头部与面孔，的确是我们人属物种的祖先。现在，我们几乎可以堂堂正正地说，那个原先仅以手骨得名的“能人”，就是最早出现的人类。但是，这张脸真的可以被学界接受吗?

后来，人们在东非又陆续挖掘出了古人类的化石，但依旧以模糊又紊乱的标准将这些化石按照大小或外观，继续分为鲍氏东非人或是能人。部分学者认为，不是只要脑袋够大就有能力制造工具，更重要的是这个脑袋“看起来够聪明”，说得更具体一点，就是“额头平整宽阔”（前脑发达）的头骨才有资格被归为能人。这么一来，分类标准又变为“额头倾斜角度偏高”（额骨向上直立）的化石。以如此马虎、反复无常的方式进行分类，结果会如何呢？你应该能猜得到吧。人类学学者只要将过去被归为能人的化石一字排开，就能发现其中掺杂了各式各样的化石样本，怎么看也无法将它们归为同一个物种。因此，能人变成了混合各种特征的“千面人”。有人认为能人是“拥有多元样貌的物种”，但换个角度来看，它或许是一个“有名无实的化石物种”，因为这些化石样本根本毫无共同点，难以归纳成一个类别。

能人的分类问题，其实与古人类学一个十分重要的概念有关，那就是“多样性”。随机将两个路人进行比较，你会发现没有两个人是长得一模一样的，即便是同卵双胞胎也会有些许不同。每个人会因为身材、性别与年龄等因素，在外观上产生差异。尽管存在这些差异，我们依旧都属于“人类”这个物种。你和我长得不一样，这种同一物种在外观上呈现的多样性被称为“种内变异”（intraspecific variation），相对的概念则是“种间变异”（interspecific variation）。将人类与黑猩猩做比较，你就能清楚地观察出这两者间的差异性。

若将这个概念反过来，从多样性的形态来观察，我们就能分辨出个体间是否属于同一个物种。举例来说，如果只有体形大小相异，但长相相似，就能将其归为同一物种；若只有性别不同或年龄上的差异，但外观相似，则也能被归为同一物种。尽管个体间的次要特征不同，但主要特征相似的话，就同属一个物种。

如今，古人类学学者因数量庞大的能人化石样本，以及它们之间惊人的多样性而感到苦恼不已。应该将之前发现的能人化石都视为同一物种间的多样性（种内变异），还是重新分为其他不同的物种（种间变异）？一些学者认为，能人的情况是种内变异，其他学者则强烈主张其中至少存在着两种不同的物种，必须尽快再次分类。主张“重新分类”的学者把头骨较大的化石单独集中起来，将它们命名为一个全新物种——卢多尔夫人（*Homo rudolfensis*）。

这样看来，理查德·李基发现的“第一个完整的能人头骨”KNM-ER 1470，其真实身份也变得扑朔迷离。首先，从头骨的大小来看，它不应该被归为能人，而应该重新归为卢多尔夫人。然而重新分类后，其他可疑之处出现了。该化石的头部虽然很大，但鼻子以下的脸部形态与能人一致，这说明它也有可能是在能人和卢多尔夫人之外、具有不同特征的第三种化石。最大的问题是，在迄今发现的化石样本中，没有任何一个和理查德发现的化石一样。理查德挖掘出的化石格外不同寻常，这让众多学者即使想破了头，也理不出任何头绪。

早期人类化石的再发现

身为李基家族的第二代，同时也是能人化石的主要发现者，理查德·李基在20世纪90年代后，因生态保护意识抬头与政治因素的影响，放弃了化石的挖掘工作。他开始大力推行保护犀牛等运动，后来不幸遭遇直升机坠毁事故，失去了双腿，从此退出遗迹挖掘现场。

但这并不代表李基家族的挖掘研究就此画上句号。

在2008至2009年间，库比福拉的遗迹又出土了新的头骨化石，包括鼻子附近的一块脸部骨骼与一块下颌骨，它就是在2012年8月荣登《自然》杂志封面的“KNM-ER 62000”，相关的研究论文也一同发表在杂志里。简单来说，这次公布的化石，其特征与理查德·李基在20世纪70年代发现的KNM-ER 1470化石非常相似。这也意味着理查德的化石样本再也不是独一无二的例外，而是足以代表卢多尔夫人这一新物种的珍贵化石。此次研究证明了200万年前的早期人类并非只有能人一种，当时至少有两个人属物种生活在非洲大陆上。

长达40多年围绕着人类起源与人属物种进化的争论，现在已进入全新的阶段。除了研究结果，我们很难忽视主导这次挖掘的研究人员名字：米芙·李基（Meave Leakey）与路易丝·李基（Louise Leakey），她们分别是理查德·李基的妻子与女儿。这两位女性以承前启后的姿态，通过坚持不懈的努力，再次改写了与自己的家族有着深厚渊源的古人类化石命运。

“信以为真”的卢多尔夫人化石

理查德·李基发现的KNM-ER 1470有着一段相当坎坷的命运。一开始，它被学者归为能人，但没想到在40多年后，重新被确认为卢多尔夫人。在古人类学中，换个名字其实没什么大不了的，但学者对它的长相依旧“很有意见”。从直挺的额头与笔直向下延伸的脸部来看，学者认为这个化石已完整呈现出现代人类典型的长相特征。想象一下电影中常出现的“原始人”，有着突出的嘴巴与眉骨，以及扁平且向后倾斜的额头，应该就不难理解了。

但这个化石的外观有一个致命缺陷，因为这完全是一个“从想象中复原”出来的长相。该化石出土时，眉骨与鼻梁中间的部分断裂，连接两个部位的骨头已经消失不见，所以，眉骨与鼻梁接合的角度是学者推测出来的。难道他们在重建脸部外观时，没有想到额头再向后倾斜、鼻梁再往前突出的可能

★

阿法南方古猿的足迹化石，来自坦桑尼亚的利特里遗址。

性吗？即便是以这种角度复原，仍然会是一张“看起来像人类”的脸。换句话说，科学家并没有理由非要以直挺的额头（当时人们普遍认为这是能人的脸部特征）来复原这个化石。或许，该化石之所以会有如此“人性化”的长相，只是因为我们一心希望人类的祖先长得更像我们一些。

16

★

年纪越大，脑袋越迟钝？

我的五年级班主任告诉我们："人类只使用了大脑的10%，剩下的部分一辈子也用不上。"

小时候听到这句话时，我心里不知有多难过。2014年上映的热门电影《超体》，剧情正是建立在这个理论上。人类拥有这么大的脑袋，怎么会白白浪费掉？但这其实是一个毫无科学依据的错误假说。

还有一个与大脑相关但同样毫无根据的说法："人在成年之后，脑袋会开始钝化。"也就是说，人类在发育阶段，大脑具有"可塑性"，能灵活地学习各种新能力。一旦发育成熟，大脑的认知能力便会开始退化，所以长辈在学习新事物时总是特别吃力。然而，最新的研究结果证实了这个说法同样毫无根据。仔细想想，人类的大脑又不是什么金属制品，怎么会出现钝化现象呢？

小孩与成人的大脑不一样

孩子的大脑与成人的大脑各有擅长。比如，记忆和背诵对青少年或儿童来说相对容易，成年人则更善于收集各种复杂的数据，并归纳整合出更高层次的复合信息。脑神经细胞之间的交互作用，是造成这种差异的主要原因。从在母亲肚子里开始，人类大脑的脑神经细胞便持续增生，随着脑神经细胞数量的增加，人类对事物的认知能力也会逐渐增强。到了六七岁时，儿童大脑的重量已经达到成人的80% ~ 90%，在这之后，大脑几乎不会再增生新的脑神经细胞，接受新事物的能力也相应变弱了。

那么，在接下来的漫漫人生中，大脑就不会再有任何发展了吗？当然不是。大脑会进入一种全然不同的发展阶段——脑神经细胞互相连接。脑神经细胞之间的连接不仅极为复杂，而且具有高度结构性。想象一下，2个脑神经细胞之间只有1个连接；3个脑神经细胞之间可以有3个连接；若是4个脑神经细胞，彼此间就有6种连接的可能性；6个脑神经细胞之间的连接方式则可增至15种。人类的脑神经细胞便是通过这种方式，构筑出越来越复杂的神经网络。人类大脑一般拥有将近1000亿个脑神经细胞，算算看，这些脑神经细胞之间的连接可以创造出多少种可能性？

老实说，并不是所有脑神经细胞都能与任意一个脑神经细胞相连。单一脑神经细胞只能与它周围的数个脑神经细胞相连，即便如此，脑神经元的连接数量还是相当可观的。据说1毫升的大脑里就存在6亿个连接，而1400毫升的人类大脑，大概有840兆个连接，你能想象出这是一个多么庞大的数字吗?

大脑神经元形成的这种连接又叫作“突触”，突触构成复杂的神经网络，在这些网络中流动的“电流”，便是我们收集、整合信息的关键。即便脑细胞不再增加，神经突触的运作依然相当活跃，所以你的头脑并不会钝化。

人类大脑在执行某一项任务时，可能只启用了其中一小部分，但我们需要其他空间来储存重要的东西。英国牛津大学实验心理学教授罗宾·邓巴（Robin Dunbar）认为社会需求推动了大脑的进化，提出了“社会脑假说”。随着社会群体日渐庞大，社会成员之间的关系与行为也会日益复杂，为了处理并管理各种各样的社会关系与社交信息，大脑需要不断进化。就像电脑主机里的内存或中央处理器，在处理每个指令时虽然只用了一小部分，但我们总是在追求容量更大、处理速度更快的硬盘。

虽然我们的脑容量在六七岁时就几乎发育完全，但此时大脑尚未发挥真正的功能。如果说大脑是在发育完全后才正式进入发展阶段，其实一点儿都不为过。随着突触数量不停增加，我们也在不断地累积知识与智慧。

人类有个“社会脑”

人类的大脑从什么时候开始变大，大到拥有储存及处理庞杂信息的能力？这对古人类学家来说是个有趣的问题。如果我们能知道大脑变大的时间点，就有可能明白它为什么会变大。关于人类脑容量的研究，你可以先记住一个数字：450毫升（大约一个垒球大小）。人类并非一开始就拥有大脑袋，人类祖先南方古猿的脑容量大约只有450毫升，刚出生的婴儿脑容量也是450毫升，成年黑猩猩（人类最亲近的类人猿亲戚）的脑容量也是450毫升。

数百万年前的早期人类和黑猩猩一样，只有一个小脑袋。然而到了距今200万年前的时候，人类的脑容量增长了一倍，变为约900毫升。这可不是巧合，200万年前正是我们的直系祖先人属物种诞生的时间点。你会发现，从这时开始脑容量增加的速度变快了。又过了150万年，人类脑容量增至1350毫升左右。增长的趋势一直持续至距今5万年前，当时尼安德特人的脑容量最大可达1600毫升，甚至比现代人的平均值还要大。

人类的脑袋为什么会变大？主流论点是：制作与使用工具是驱动大脑进化的关键。200万年前，人属物种将石头制成了武器，并且开始狩猎野兽，持续摄取越来越多的脂肪与肉类，新的饮食习惯也让人类的脑袋变得越来越大。长久以来，学者们认为使用工具狩猎和发达的脑袋，将人类的进化推往更高的层次。在大脑进化的过程中，增加的不只有脑容量，分布在脑部最外层、负责处理高层次认知功能的大脑皮质也会随之增加。但事实上，制作工具并不需要花费这么多脑力。换句话说，如果只是为了制作工具，人类的脑袋就根本没有必要长这么大。

另一派学者认为，除了制作、使用工具等技术性工作，人类如此优秀的脑袋其实还常被用在“社会脑假说”中提到的社交行为。群体规模越庞大、群体生活特征越明显的动物，其大脑皮质的面积也越大。提出此假说的人类学学者邓巴通过暗中探听人们聊天的内容，并将数年间收集来的对话内容进行分析，发现无论是男人还是女人，谈论的话题大多都围绕在“人”身上，而不是宗教、哲学或政治等其他议题。过去人们总认为串门闲聊是女人才会做的事，但仔细听周围人说话，你会发现男人其实同样喜欢闲聊，而聊天的内容不外乎就是日常琐事。在喜欢拉家常这件事情上，并没有什么男女之分。邓巴认为，我们的“社会脑”就是用来处理这些发生在自己或是他人身上的事。

群居动物越是高度社会化，脑容量就越大，如海豚和大象。当社会形态发展得越来越复杂时，成员越来越多，每个人要处理的人际关系与信息量也以几何倍数快速增加。我们的大脑不仅要收集、整合这些信息，而且要找地方把它们储存起来以备不时之需。

刚进化出直立步行能力、手握石斧站在非洲草原上的早期人类，模样看起来真的非常可怜。那时候的人类体形不够高大，也还不够聪明，跟其他掠食动物相比实在是太弱了。在这种情况下，人类不得不采取集体狩猎的方式。然而，想要随时邀人一起打猎，就得先建立稳固的社会关系。此外，想在气候变化无常的冰河时期存活，共同探索环境并收集信息也是必要的。对人类来说，群体生活不是为了串串门、打发时间，而是一种实实在在、彻头彻尾的生存策略。为了追求生活的稳定与发展，充分理解并收集群体中各成员带回来的信息变得格外重要，于是，人类发展出语言作为沟通手段，而聊天交谈就是语言最初也最重要的功能。

不过，通过聊天获得的信息，不一定会对当时的人类生活产生直接的帮助。哪里出现过间歇泉，或是刚刚看见狮子咬死了一只羚羊，在鬣狗靠拢过去之前赶快先把羚羊肉抢过来吧，诸如此类的信息对在干燥又缺乏食物的非洲草原上生存来说十分重要。但人们还是会聊一些跟生存无关的日常琐事，例如某人怀孕了，或是最近谁跟谁走得很近，某人的眼睛最近看不太清楚等。

另一个与闲聊相关的案例，就是类人猿用嘴巴互相整理毛的行为。大部分灵长类动物都会互相梳理毛，或是替对方摘除身上的异物与虫子，由此建立友谊与联系。这对猴子来说是非常重要的社交行为。一般而言，地位低的猴子会先替地位高的猴子理毛，同时向对方表明自己地位比较低。然而随着群体规模越来越庞大（就像在发展中的人类社会），要帮所有猴子理毛是不可能的。于是，人类开始使用语言。理毛的对象一次只有一个，语言却能同时传递给许多人。换言之，和动物间的理毛行为一样，人类通过闲聊来进行社会性的接触与情感上的交流。

开始吃肉，却日渐消瘦

脑袋变大是要付出代价的，人类不仅要想尽办法获取充足的能量，而且这种能量必须通过动物性食物来提供。为此，人类只能在大白天趁其他猛兽都在睡觉的时候，外出寻找动物尸体的残渣来吃（参见第5章）。

尽管人类靠吃肉获取高质量的脂肪和蛋白质，但脑袋也不是马上就能变大的。在那之前，人类必须先解决几个问题。首先，人体的其他器官会与大脑竞争有限的能量，最具代表性的就是消化器官。由于能量有限，无法同时满足两个器官的高需求，因此为了让大脑增长，人类就必须排挤消化器官的发育。英国伦敦大学人类学教授莱斯利·艾洛（Leslie Aiello）与彼得·惠勒（Peter Wheeler）于1995年发表的“高耗能组织假说”就以此为主要内容。实际上，我们对各种动物进行比较后可发现，脑部的大小确实与消化器官的大小成反比关系。

其次，为了迎合大脑的尺寸，颅骨必须同步增长。要想让颅骨有空间增长，与颅骨连接的肌肉就必须萎缩变小。在与颅骨连接的肌肉群中，最大的肌肉是咀嚼肌。换句话说，为了让大脑变大，咀嚼肌必须先变弱。有趣的是，在2004年发表的某篇论文中，一项实验让老鼠颌骨肌肉的基因产生突变，使咀嚼肌萎缩，最后导致老鼠的颅骨变大。这一实验结果也间接证明了上述理论。

现在让我们试着将这两个问题与人类进化联系起来：200万年前，在非洲有3种互为亲戚的物种，在适应自然环境上各自呈现出极为不同的形态。他们分别是以食草为主的鲍氏傍人、食用动物尸体残渣的能人，以及过着狩猎生活的直立人。鲍氏傍人的脑容量虽然比较小（500毫升），但牙齿大得吓人，咀嚼肌十分发达，下颌骨与颧骨也非常强壮；以食肉为主的直立人脑容量虽然相对较大（1000毫升），但牙齿非常细小，咀嚼肌也相对较小；能人则介于两者之间（脑容量约650毫升）。由此可见，饮食习惯与脑部大小，似乎真的存在某种惊人的关联。

为了提供充足的能量给如此耗能的大脑，人类必须不断摄取动物性蛋白质与脂肪，也因此必须过着狩猎生活。此外，人类开始懂得收集关于动物迁徙与环境变化的信息，在这个过程中，人类最重要的“武器”诞生了，那就是团队合作。当社会规模不断扩大，人际交往与信息交流会越来越频繁。

于是，人类的大脑将这些丰富多元的信息储存起来，并根据实际情况加以运用，这就是人类拥有一颗巨大脑袋的真正原因。就算没有同时启用大脑中所有的脑细胞，一颗巨大的脑袋对人类来说仍然非常有利。多如天文数字般的神经突触，让我们在面对突发情况时能迅速做出反应；海量的记忆资料库，让我们有办法应对不断变化的环境。

最后，我再提出一个问题来作为本章的结尾。我与美国密歇根大学人类学系的米尔福德·沃尔波夫教授共同撰写了一篇研究论文，其中提到200万年前至5万年前这段时间中，人类的大脑不断变大。但这项研究中并未包括5万年前到现在的相关资料，因为我们的论文并没有研究近代人类大脑的演变。

你要不要猜猜看，在这5万年间，人类的大脑经历了什么样的变化。人类的脑袋是不是变得越来越大？事实上，有学者持有与此相反的意见，认为人类的脑部可能正在逐渐缩小。虽然必须通过收集资料，并进行更严谨的研究才能得知真相，但如果这个假设成立，原因肯定十分耐人寻味。难道是因为互联网的发展或是我们对科技的过分依赖，让机器取代了大脑大部分的功能吗？

或许，现代人类正在经历一场戏剧性的逆转，朝着数百万年进化史的反方向奔驰而去。

伴随大脑袋而来的肥胖魔咒

为了让大量耗能的大脑获得充足的营养，人类一直在努力摄取高热量的食物。纵观整个人类历史，食物的供给量经常处于匮乏的状态。但对现在世界上某些国家而言，食物的供给不仅充足，而且十分丰富多样。我们明知高热量食物无益于人体健康，却还是无法抗拒美食的诱惑。

在2004年上映的美国纪录片《大号的我》（*Super Size Me*）中，主角连续30天只吃麦当劳，实验了1个月之后，他发现自己肝脏中的毒素已经飙至危险等级。虽然这部电影的主要诉求是让大众了解快餐对人体健康有多么严重的危害和影响，我看完后却在感叹人类吃了那么多垃圾食物还不会死。而世界各地举办的大胃王比赛，或是在网上相当受欢迎的“吃货”短视频，其实都与这种暴饮暴食的行为没什么两样。

所有的动物都贪吃，哪怕撑死也要吃。

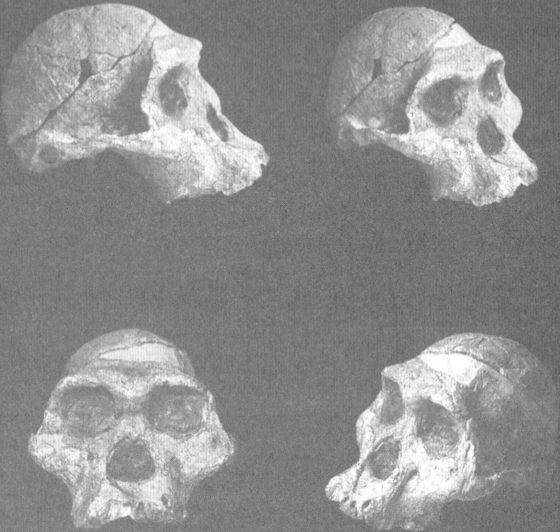

★
非洲南方古猿的头盖骨化石。

奇怪的是，人类就算吃了那么多高脂肪、高热量的食物，身体也不会立即受到致命伤害。然而，我们依旧无法摆脱心脏病和糖尿病等慢性疾病的威胁，这就是人类进化出大脑袋所要付出的代价。

17

★

你是尼安德特人！

“你简直就是尼安德特人！”

如果某人对你说了这句话，你会怎么想？可能有些人对尼安德特人不太了解，搞不懂这是一种恭维，还是一种讽刺。尼安德特人是人类的亲戚，从30万年前至2万年前[1]这段时间里，一直生活在欧洲大陆。对在遥远亚洲长大的我们来说，他们的确就像是陌生人。或许你会想起过去在学校里学到的知识，然后想说：“原来你说我是一个原始人啊！”但因为无法具体想象出尼安德特人的样貌，所以你还是无法判断这是不是句好话。

对欧洲人来说，这句话可能会让他们感到十分愤怒。在过去，对一个欧洲人说他长得像尼安德特人，相当于说他是一个未开化的野人。在血缘上与人类极为相近的尼安德特人，为什么会变成严重侮辱人的象征？

[1] 学界对于哪些人类化石属于尼安德特人目前尚无共识，其确切的生存年代也尚无定论。有文献指出尼安德特人曾经历维尔姆冰期，可能生存于10万至3万年前的欧洲大陆。然而随着更多化石被挖掘出来，尼安德特人的年代之争仍在继续。

令人蒙羞的亲戚

就在达尔文出版《物种起源》一书之前，科学家在1856年发现了尼安德特人。起初，化石古怪的外观引起人们极大关注，很快，关于“尼安德特人与现代人类是否有血缘关系”“尼安德特人是否为人类祖先”等问题在各界引发了激烈的争论。

20世纪90年代，我还是研究生的时候，我的母校美国密歇根大学同样处于这场争论的风暴中。对于尼安德特人与现代人类之间的血缘关系，当时古人类学界分成了正反两派。绝大多数的学者对此持肯定的态度，认为尼安德特人是现代人类的直系祖先。通过对化石的研究比对，我们可以从尼安德特人身上观察到与现代人相同的特征，如突出的鼻梁和拉长的后脑骨。

照这样看来，应该只剩下少数的“反对派”学者否定尼安德特人与现代人类的关系。但在学术界之外出现了十分有趣的现象，那就是社会上大部分民众反而支持反对派的观点。当时，我对这种社会反响感到非常困惑。尼安德特人与人类有没有血缘上的关系，他们到底是不是人类的祖先，这些只不过都是我们根据化石资料判断出的一种客观事实，更何况，这一切都是数万年前发生的事了。但是对西方人来说，这个问题无关科学依据，而是牵涉到民族情感。尼安德特人就像是一个令人蒙羞、难以向外人提及的亲戚，不管是生活在3万年前还是10万年前，西方人好像都不希望与尼安德特人有血缘上的牵连。这到底是为什么?

导致西方人对尼安德特人抱有负面看法的主要原因，是20世纪初在法国圣沙拜尔出土的一具化石。这具化石有完整的头骨、躯干与四肢等重要部位，科学家推测这是一名步履蹒跚的佝偻老人，艰辛的生活环境让他的骨头关节严重受损。但大众对这个老人化石有着完全不同的诠释，他的外貌被描述成看起来有点笨，走路时会弯腰驼背，甚至演变成一种愚蠢、痴呆的形象。1909年，就在化石出土后的第二年，伦敦一家报社刊登了一张尼安德特人的化石复原构想图：弯曲歪斜的身躯，全身覆盖毛发，嘴巴微微半张着，额头窄小且向后倾斜，目光迟钝的眼睛被笨重的上眼皮遮去一半。这张图如实地反映出当时人们对尼安德特人的曲解。

令人联想到土著的粗鄙外貌

这样的外貌，你是否觉得似曾相识？没错，这正是当时欧洲人心目中生活在殖民地的那些“未开化的土著”。尼安德特人被重建出的样貌，与殖民地的原住民十分相似，这一点并非偶然，其中隐含了当时西方人的潜在意识。欧洲人普遍认为，这些未开化的土著十分野蛮，所以自己有责任将这些地区纳入殖民地，将欧洲的文明与宗教传给他们，帮助他们发展。

好，现在回头来看看尼安德特人。在欧洲人心中，尼安德特人用原始的工具捕捉动物，像动物一般咆哮，居住在幽暗的洞穴中，与其说他们是人类，倒不如说更像凶猛的野兽。后来，拥有宽阔额头、强壮下颌、精明长相的克罗马侬人（Cro-Magnon，属于智人的一种，被认为是欧洲人的祖先）出现了，尼安德特人被取而代之，最后完全灭绝。对西方人来说，克罗马侬人代表的是拥有高超狩猎技巧、语言和文化的真正人类，而尼安德特人不仅不属于人类，而且很野蛮。

人们认为尼安德特人正是因为蛮横无知才会被克罗马侬人打败，而那些未开化的土著则是在成为西方殖民后才获得建立文明社会的机会。这两者之间，似乎有一些相似之处。因此，当西方人在看尼安德特人时，他们就会不自觉地联想到殖民地的土著，这让“你是尼安德特人”这句话在西方人的耳朵里格外难听。

尼安德特人的负面形象，在欧洲人心中持续了好长一段时间。20世纪90年代，甚至有科学家通过研究现代人类的遗传基因，证实了尼安德特人与现代人类并无血缘上的关系。这种直接从基因中读取人类进化秘密的崭新手法，着实令当时的学术界惊叹不已。

后来，德国马克斯普朗克研究所的史凡德·帕波（Svante Pääbo）博士率领研究团队进一步应用了这项新技术，直接从尼安德特人化石上提取出古老的

DNA来进行分析。帕波博士通过基因组测序，证实尼安德特人与现代人类的DNA并不相同，这意味着尼安德特人不可能是现代人类的祖先。帕波博士分析了线粒体中的DNA（约1.6万个碱基对）与细胞核中的DNA（约100万个碱基对），两者的分析结果皆指向同一个结论。过去那些既有的化石研究方法，相较之下如此陈旧。直接从化石中提取出DNA，赋予实验结果一种尖端科技的新鲜感，就像电影《侏罗纪公园》激发出人们无限的想象力，也因此而受到大众的青睐。

尼安德特人并非人类的亲戚，这一观点几乎成了既定事实。所以到了2000年，“尼安德特人是因为现代智人的出现而灭绝”的论述，也被世人认同并广为流传。关于尼安德特人灭绝的原因，人类学家提出了各种不同的假设。有人认为这两个族群发生过激烈的武力冲突，拥有精良武器的现代智人将尼安德特人赶尽杀绝；也有人认为，他们彼此间虽然没有直接冲突，但现代智人以优越的环境适应能力，最终赢得了这场生存竞争。无论是哪一种情况，都有一个事实从未改变过，那就是这两个族群绝对没有血缘上的关联。

尼安德特人也会说话吗?

然而10年过去了，对尼安德特人的研究在2010年发生了大逆转。帕波博士通过更新的基因检测方法，重新解读了尼安德特人化石的基因组。这项艰巨的工作需要分析超过30亿个碱基对，研究结果震惊了全世界——所有现代人类的体内都带有尼安德特人的基因，而欧洲人体内有4%的DNA来自尼安德特人。也就是说，欧洲人是继承尼安德特人血统的后代!

更令人惊讶的还在后头。这4%并非无关紧要的基因，实际上，这些基因分别掌管嗅觉、视觉、细胞分裂、精子的健康状态，以及血管内平滑肌收缩与舒张的调节机制等体内功能，对人类的生存来说至关重要。其中有个基因特别令人好奇，那就是与语言功能发展有关的FOXP2基因。这个基因若是发生突变，人类便会丧失语言功能。在这项研究结果公布前，尼安德特人的说话能力一直受到各界质疑。尼安德特人是否会说话?如果会，那么他们的语言功能又发展到什么程度？他们到底能不能像现代人类一样自由地用语言沟通，还是只能像婴儿般发出咿咿呀呀的喊叫声？

主张尼安德特人不会说话的学者推测尼安德特人身上的FOXP2基因结构与人类的不同，因此当基因组分析结果一发布，他们便迫不及待地确认基因的情况。没想到，尼安德特人的FOXP2基因竟然与现代人类完全相同。难道尼安德特人真的会像我们一样说话吗？或者更准确地说，我们真的像尼安德特人一样说话吗？

部分学者认为，仅凭遗传基因无法确切得知尼安德特人是否会使用语言，于是他们开始进行另一项研究。懂得使用语言的现代人类，其大脑最显著的特征就是左右脑功能上的不对称性。虽然大脑的许多部分都与语言功能的发展有关，但最重要的语言区多分布在左脑。如果左右脑在分工上有不对称性，就一定会让身体更频繁地使用左右侧中的某一侧，所以才会形成左撇子或右撇子。因此，如果可以观察出尼安德特人是否有惯用某只手的习惯，我们就能反过来推测其大脑是否具有可以使用语言的不对称性结构。

美国堪萨斯大学人类学教授大卫·费尔（David Frayer）领导的研究团队想出了一个方法来实践这个理论，他们将注意力放在尼安德特人的牙齿上。尼安德特人有一个非常有名的特征，就是善于利用牙齿作为工具。如果只是用牙齿来咀嚼食物，上下排牙齿的咬合面就应该会呈现均匀磨损的状态。研究人员从牙齿凹凸不平的咬合面推测出，尼安德特人不仅会在吃东西时用到牙齿，而且用牙齿来做其他事情。例如，在处理肉类或是植物纤维时，他们会用牙齿将肉类或植物的某一端紧紧咬住，同时用一只手抓着另一端，再用另一只手拿着石器用力将其切断。如果在切东西时挥下石器的角度稍有偏移，则会造成什么结果呢？坚硬的石器边缘就会摩擦牙齿表面，留下刮痕。我们仔细观察刮痕的角度，就可以判断他们是用左手还是右手拿着石器。

多么巧妙的方法，不是吗？研究人员实际观察并统计后发现，大概有90%的尼安德特人都是右撇子。这个比例与现代人类十分相似，这也使尼安德特人会使用语言的可能性又提高了一些。

你体内的尼安德特人，我体内的东南亚人

通过这些年的研究，我们了解到尼安德特人不是如野兽般咆哮的野蛮人，他们已经开始懂得使用工具，在贫瘠的自然环境中过着狩猎生活，还会将一种赤褐色的颜料涂在身上当作装饰，也会举行仪式来埋葬死者。不仅如此，他们还极有可能与人类一样，可以流畅地说话、互相沟通。甚至有学者发现，那些被认为是现代人类创作的洞穴壁画，很有可能是尼安德特人最先绘制出来的。

有人说历史的演变就像螺旋，不停地循环往复。德国是20世纪种族主义的温床，也是最早发现尼安德特人遗址的地方，在此甚至兴起了某种承认尼安德特人身份的运动。如今，我们在德国到处都能看见“我是尼安德特人”的标语。1963年，美国总统约翰·肯尼迪在访问柏林时，也借用了这句话并感性地喊出“我是柏林人”，作为这场著

名演讲的开场白。难道这意味着西方社会已接受尼安德特人作为人类的祖先?或许,这只是极力摆脱窠臼的年轻一代借此表达出他们与众不同的想法。

我谨慎却乐观地认为,以种族歧视的眼光看待尼安德特人的时代已经逐渐过去。人类正试图抛开对尼安德特人的成见,从贬低殖民国家与当地文化的历史桎梏中解放,也是某些人终于愿意拥抱和接纳这个多元社会的最佳证据。

思考尼安德特人的历史时,我也想起了自己的起源。对于自己起源于东北亚大陆的说法,我们并未感到抗拒。但如果有人提出,我们的祖先其实来自东南亚,你会有什么感觉?会觉得有些反感吗?如果会的话,请再好好想一想,你心中的那股抗拒感,不正是源自社会对东南亚国家的歧视吗?这与20世纪初的欧洲人以有色眼光看待尼安德特人又有何不同呢?

18

★

摇摇欲坠的分子钟理论

长久以来，人们总认为尼安德特人长得皮糙肉厚，完全可以用时下的流行语“肌肉猛男”来形容他们宽阔的肩膀、厚实的胸膛与强壮的四肢。但以前有许多人对他们抱有负面看法，认为他们长得“既粗野又愚蠢”。

光从外表来看的话，我们可以发现尼安德特人身上其实有许多特征与现代人类非常相似，所以古人类学家才会一开始就假设尼安德特人是现代智人的祖先。但学者们也十分好奇，外表如此野性的尼安德特人，究竟是如何变成现代智人这种“优秀物种”的祖先的呢？

这个假设在1987年受到了极大挑战，加州大学伯克利分校的研究员丽贝卡·卡恩（Rebecca Cann，现任夏威夷大学人类学系教授）及其研究小组在《自然》杂志上发表了一篇论文，推翻了尼安德特人是现代智人祖先的观点。他们从世界各地的人身上抽取样本分析线粒体基因，发现尼安德特人与现代智人并无血缘上的关系。不过诚如上一章内容所述，后来史凡德·帕波博士的研究结果重新证实了这项假设，我们都是尼安德特人与早期智人繁衍出的混血后代。

这种不执着于化石本身而通过分析现代人类基因的考古研究方法，着实令人惊叹不已。虽然基因解读技术本身十分神奇，但能想出用这个方法来进行研究也相当令人佩服，这需要极为丰富的想象力。科学家是如何根据人类的基因揭示现代智人与尼安德特人之间的关系的？卡恩的团队利用“分子钟”（molecular clock）概念，通过计算基因突变的速率来追踪人类起源的时间点。

当时，遗传学家之所以如此坚信“尼安德特人并非现代智人的祖先”，是因为他们根据分子钟计算出了两者出现的时间顺序。他们认为现代智人出现于20万年前的非洲大陆（后面会专门解释这一点），尼安德特人则是从30万至25万年前就在欧洲大陆各地活动了，因此后者是现代人类祖先的假设并不成立。

卡恩当年的这项研究在学术界引发了轩然大波，激励了更多遗传学家投身人类进化的研究之中。科学家通过现代人类的基因，研究过去到底发生了什么。我们的基因变成了时空胶囊，带我们穿越时空回到远古时代。接下来，我要和你聊聊这个穿越时空的方法，它目前仍被广泛地应用于人类学与生物学的研究中。虽然我需要提及一些进化学与生命科学的基础知识，但你可以由此了解现代遗传学中最为重要且极具争议性的领域，请耐心地继续阅读下去。

“突变的时钟”理论

脱氧核糖核酸简称DNA，负责传递所有生物体内的遗传信息。简单来说，这些遗传信息由4种核苷酸排列组合而成，分别是腺嘌呤（A）、鸟嘌呤（G）、胞嘧啶（C）、胸腺嘧啶（T）。假设这4种核苷酸代表4颗珠子，上面分别刻有字母A、G、C、T，你可以随意将它们穿成一条长链，借由这些字母传递各种信息。

DNA就像是以这4种珠子穿起来的长链，而“基因”指的就是DNA长链上的某一个片段，是由这4种珠子中的任意3种排列成的一段具有意义的密码序列。举例来说，以“C、T、A”顺序排列而成的片段并不带有任何意义，但若是以“C、A、T”顺序排列，就能组合出“猫”这个有意义的单词，而那些具有意义的序列才是我们所说的基因。而基因最重要的功能，就是负责制造出生物体内具有不同功能的蛋白质。

DNA具有自我复制的能力，无论是在一般细胞进行分裂时，还是干细胞要修补组织或制造新细胞时，DNA都会不断地进行复制。在如此频繁的复制过程中，自然就会出现所谓的“失误”。虽然生物体内有完整的机制可以矫正或防止失误出现，但难免会有疏漏的情况发生，有时可能会遗漏或是多插入一颗珠子，也有可能会完全复制错误。例如，原本应该以“C、A、T”的顺序排列出“猫”这个单词，但如果DNA在复制时错将G取代了A，就会排列出“C、G、T”这样完全错误的信息。

在DNA复制过程中所产生的错误遗传信息，就是基因突变，或简称为突变。发生突变的生物个体会变成什么样子呢？著名漫威漫画改编的同名电影《X战警》就是以基因突变而获得特殊能力的超级英雄为主角。然而，日本遗传学家木村资生（Motoo Kimura）博士提出了另一种解释，他认为我们无法察觉出基因片段中产生的突变，而那些我们可以察觉出的突变则是在不属于基因的片段中产生的。这个概念成为现代遗传学中最重要的一项核心理论，被称为“中性理论”。

假设生物个体中的基因片段（可制造出蛋白质的部分）发生了某种突变，若该突变不利于生存，则最终会导致该生物个体无法持续繁衍出后代，这种突变就会在不久后消失。

相反，如果该突变有益于生存，该生物个体就会繁衍出更多的后代，而这个有益的基因突变会扩散至所有相同的物种个体上，进而形成一种普遍现象。如此一来，它便不再是单一的基因突变，因为全体都带有相同的突变，导致我们无从察觉。总之，在基因片段中产生的突变，最后无论是消失不见，还是变得令人无法察觉，今日的我们都没有办法分辨出来。

那么，没有可察觉的突变吗？无法制造出蛋白质的片段，科学家称之为“非编码DNA”，可制造蛋白质的基因片段叫作“编码DNA”。根据木村博士的说法，非编码DNA的突变是可以察觉的。但由于非编码DNA不具备制造蛋白质的指令，所以并没有实质上的功能。它的突变对生物个体既无好处也无坏处，也不会影响后代繁衍的数量，所以这种“中性突变”并不受自然选择的影响，它不会消失也不会扩散，就这样持续存留在生物体内。

在时间的推移下，生物个体内发生中性突变的频率可能会增加或减少，而时间的长短就是影响中性突变次数多寡的唯一变数。如果我们可以得知中性突变发生的周期，就能推算出该生物群体经历了多长时间才会发生这些突变，进而推算出该群体存在时间的长短。以此逻辑为基础的中性理论，对于20世纪的遗传学有着极为深远的影响与贡献，甚至20世纪60年代后出现的群体遗传学也是建立在中性理论上而蓬勃发展起来的。

达尔文首先提出了物种进化的概念，而自然选择是进化的核心机制。现代生物学将进化定义为“生物的可遗传特征在世代间的改变”，但中性理论认为

DNA突变与自然选择无关，是依靠随机性与时间发展出来的，这一点正好与达尔文的观点相矛盾。

突变的多寡决定了一个生物群体的基因多样性。在20世纪90年代，遗传学家发现了一个有趣的事实，那就是人类基因的多样性其实比我们想象中的少。本文开头提及，卡恩教授在1987年的研究中发现，人类线粒体中的DNA多样性少得可怜。1991年，当时在美国得州大学执教的进化生物学家李文雄博士与洛里·萨德勒（Lori Sadler）教授共同发表了一篇名为“人类群体中的低核苷酸歧异度”的论文，而该论文被誉为群体遗传学史上一项划时代的研究。

当时的遗传学家认为这种现象十分符合中性理论的观点，他们解释道：“因为智人这个物种出现的时间不够久远，造成人类基因多样性偏低。”换句话说，现代智人是不久前才出现的，所以没有足够的时间累积出足够的中性突变。如果人类起源于近代，那么出现在世界各地的古人类化石年代久远，只能将他们视为已灭绝的人类亲戚，而不是直系祖先。文章开头所提到的尼安德特人化石正是因为这一观点而被排除了身为人类祖先的可能性。由于当时在非洲或亚洲并未发现其他与现代智人差不多时期的古人类化石，所以人类起源的争辩焦点便落在了尼安德特人与现代欧洲人之间的关系上。

后来，科学家又发现了另一件耐人寻味的事。他们将非洲、欧洲与亚洲各地人类的基因进行比对，发现非洲人的基因多样性最高，说明他们出现在地球上的时间较长，这再度增加了“人类起源于非洲”的可能性。这项研究结果一经发表，“大约20万年前，人类出现在非洲大陆上”几乎成为一种既定事实而被众人接受。在现代生命科学的强力支持下，这个被称为“非洲起源论”的学说在20世纪90年代迅速成为人类进化论的主流。

备受质疑的线粒体“分子钟”理论

初期用于研究人类进化的遗传学实验，皆是以线粒体中的DNA为主要样本的，因为当时的技术尚无法分析由30亿个碱基对组成的细胞核DNA。线粒体中的DNA拥有约1.6万个碱基对，而且样本资料库颇为丰富，分析起来相对容易。学者认为，因为线粒体在细胞核之外，即便它的DNA产生突变，对生物个体也不会有任何影响，这也说明科学家看重的就是线粒体DNA的“中立性”。

然而到了20世纪90年代末期，中性理论的基础开始受到质疑，症结就隐藏在被当时科学家视为研究重点的线粒体之中。事实上，线粒体中的DNA具有母系遗传的特性，无论你是男是女，你的线粒体中的DNA都一定跟你妈妈相同。但要是你只生下儿子而没有生下女儿，那么你线粒体中的DNA和它可能发生过的突变便会一同消失。这样看来，过去实际存在过的线粒体DNA突变数量，有可能比我们现在观察到的更多。如果我们只参考线粒体的DNA研究数据，则很有可能大幅低估了人类出现的时间。

另一项挑战则来自突变周期的可预测性，导致人们对估算出的时间产生怀疑。举例来说，假设基因的突变周期为100年发生一次，若观察到5个突变，则可推断这中间经过了500年的时间。这就是科学家目前仍用于推测基因起源的一种年代推定法。但如果突变周期不是100年而是50年的话，那估算出的时间就会减为250年；相反，如果突变周期变为200年，时间就会拉长至1000年。如果突变周期不规则，不就完全无法估算出时间吗？研究人员的确发现了这样的情况，研究数据显示线粒体突变的周期并没有想象中稳定，这大大增加了研究的不确定性。长久以来，线粒体突变的数量被视为揭露人类进化秘密的“时钟”，但事实证明，这个时钟走得并不是很准。

随着科学成果日新月异，科学家又发现了另一个与中性理论相悖的事实。中性理论认为非编码DNA发生的突变并不会对生物个体造成任何影响，但近年来的研究显示，这种基因突变对生物个体的繁殖情况仍存在着一定的影响。

从前，科学家认为，在人类完整的基因组中，负责制造蛋白质的基因片段只占了不到3%，其余绝大部分的基因片段都是没有功能的非编码DNA，也有人称之为“垃圾DNA”。但新的研究指出，垃圾DNA多少带有增强或抑制邻近基因的功能，这意味着它们的突变同样会对生物个体的生存造成有害或有益的影响。那么，非编码DNA仍会受到“自然选择”的影响，也就失去了所谓的“中立性”。以中性理论为基础的“分子钟”理论，当然也一并受到各界的审视与质疑。

别急，质疑还没结束。过去被认为存在于细胞核之外、对生物个体毫无影响的线粒体DNA，其实还是有实际影响力的。21世纪初发表的研究报告纷纷指出，线粒体具有调节细胞新陈代谢的功能。每当有新的研究结果公之于世，学术界那鼓噪紧张、一片哗然的气氛，现在看来难免觉得有点可笑。没想到，过去的科学家竟然将有“细胞能量工厂”之称的线粒体视为中性无用的存在，可见当时的中性理论在主流学界有多大的影响力。

人类起源之争，第二回合？

如今，寻找人类起源的研究已进入新阶段。过去研究线粒体的那些报告都必须重新受到严格的检验。

随着遗传学技术的高度发展，科学家放弃了通过现代人类的DNA来衡量人类进化的年代，转而直接分析从化石中提取出的古代DNA。

1997年，德国马克斯普朗克研究所发表的研究成果与当时支持中性理论的非洲起源论十分一致。他们提取出尼安德特人线粒体中的DNA，并声称分析结果与现代智人的DNA大为不同。在2006年发表的细胞核DNA比对结果，同样呈现出两者之间的种种差异。然而，这两项研究都只选取了人类完整DNA序列中的一部分。直到2010年，尼安德特人的基因组才被完整地解读与分析，推翻了过去既有的研究结果。事实证明，所有现代人类的体内都带有尼安德特人的基因，欧洲人身上也有4%的DNA来自尼安德特人。非洲起源论与主张现代智人是近代才诞生于非洲并与其他古人类物种毫无血缘关系的中性理论，已经渐渐失去了说服力。

2013年，科学家成功重建出一匹70万年前的马的基因组。看来，要完整重建70万年前古人类的基因组，只是时间问题。我们身处一个充满奇迹的科学时代，人类不仅可以通过基因解码的技术来探索过去，而且能直接提取出古代人类的基因，进一步研究长相以外的其他遗传特征。

“垃圾DNA”一点儿都不垃圾

“垃圾DNA”理论与“人类终其一生只会用到10%的大脑”一样，都是错误的想法。

人类的基因组由30亿个碱基对组成，然而2001年公布的人类基因组图谱与初步分析结果显示，真正能制造蛋白质的基因不到2万个。也就是说，在这30亿个碱基对中，有用的不到1%。这样看来，将那些无用的DNA称为“垃圾”，好像也没什么不对，而这个印象也从此留在大众的脑海中。

不过，那99%的DNA真的一点儿用处都没有吗？在人的一生中，细胞会进行无数次的分裂与复制，为身体制造新的细胞。难道细胞每次在进行有丝分裂时，都必须彻头彻尾地复制出30亿个毫无作用的遗传信息吗？同理，即便处于休息的状态，大脑每天消耗的能量也会超过人体总摄取能量的20%，难道我们会放任90%的脑袋不管，让

★

推测为尼安德特人打造出来的
莫斯特（Moustérien）石器。

它每天白白浪费宝贵的能量吗？

经过日积月累的研究，隐藏在垃圾DNA中的重要信息逐渐曝光在世人面前。虽然垃圾DNA不能制造蛋白质的指令，但扮演着类似开关的重要角色，随时向其他负责合成蛋白质的基因传递开启或停止的信号，也就是说，它具有操控邻近基因的功能。位居人类死因榜首的癌症，其病因被认为与垃圾DNA有关。若是信号传递机制失控，会导致细胞明明不需要增生，却一直处在分裂与复制的状态，则有可能导致肿瘤形成。

人类对DNA和大脑的误解，其实都是因为我们了解得太少。通过不断发展科学和医学，我们已经解开了不少人体奥秘，但还有更多未知的领域有待我们继续探索，我们绝不能因为不了解，便将它们误认为是毫无价值的垃圾。

19

★

揭开亚洲人起源的第三种人类

在古人类学的领域中，目前大家最感兴趣的研究对象当数尼安德特人。除了相关资料与研究文献最丰富，他们的生存年代与现代智人也最为接近。

最近科学家才证实，几乎就在尼安德特人出现的同一时期，亚洲地区出现了另一种人类——丹尼索瓦人（Denisovans）。科学家认为他们是现代智人与尼安德特人的近亲，以第三个人属物种之姿在古人类学界引发了热烈讨论。到底有什么值得讨论呢？这关系到我们亚洲人的起源，还请各位睁大眼睛仔细瞧瞧。

丹尼索瓦人的化石首先是在阿尔泰山区（俄罗斯东部与蒙古国的边界）的丹尼索瓦洞穴中被发现的。古人类学家一直很想知道，除了欧洲，尼安德特人是否也曾出现在亚洲或世界上其他地方。在20世纪70至80年代，我还在读书时，老师是这么教我们的："南方古猿、直立人、尼安德特人与智人，就是按照这个顺序出现于旧大陆（欧亚大陆与非洲大陆）各地。"目前，研究人员已证实南方古猿的活动范围仅限于非洲，但当时人们抱着"或许可以找到南方古猿"的心态，在亚洲各地展开挖掘研究。至今我们仍可以不时看到亚洲某地发现了南方古猿化石的研究论文。

人们对南方古猿的狂热尚且如此，更何况是最受瞩目的古人类物种——尼安德特人。各国都迫切希望能在东北亚发现他们的踪迹，如法国持续派遣研究团队前往东北亚展开长期调查。在一些已发表的考古论文中，我们不时会看到尼安德特人的学名或是其亚种名称[1]。各国出土的化石，只要能在其中找到与尼安德特人相似的特征，如高高隆起的眉骨或是被拉长的后脑骨，一律以此命名。

是谁留下的石器?

然而这一切只是徒劳，因为在亚洲大陆从未发现过真正可以称得上是尼安德特人的化石。特别是尼安德特人在欧洲活动的那段时期（10万至3万年前），在东北亚地区几乎没有发现任何人类化石，堪称“人

[1] 目前学术界尚未确定是将尼安德特人归为独立物种，还是智人的亚种。

类化石的黑暗时代”，就连尼安德特人遗留的莫斯特时期的石器也从未被发现。

直到最近，科学家才在俄罗斯西部的高加索地区发现了尼安德特人的遗址，这已经是到目前为止最靠近东北亚的遗址了。在该地区的玛兹梅斯卡亚洞穴（Mezmaiskaya Cave）里，研究人员挖出了一具尼安德特人的幼童化石，约有4万年的历史；而在更东边的东北亚与东南亚等地，研究人员从未发现过尼安德特人存在的痕迹。古人类学家推测，这可能是因为尼安德特人无法越过高耸的喜马拉雅山。

那么，距离现在10万至3万年的那段时间，真的没有其他人类在亚洲活动吗？从直立人消失到现代智人从非洲迁往亚洲之前，其间出现了人类的断层吗？当时许多学者抱有此种想法，但进入21世纪后，情况出现惊人的转变。科学家依旧没有发现尼安德特人的踪迹，但他们找到了不属于尼安德特人也不属于现代智人的第三种人类。

事实上，早在数年前，在一些考古学家之间就流传着关于第三种人类的消息，但直到近期这才成为热门话题。丹尼索瓦洞穴所在的俄罗斯阿尔泰（Altai）地区，有不少证据（石器和装饰品）显示，至少在10万年前就已经有人类居住在此地了。在更早之前是否有人类在此地定居，目前尚无法确定，但或许是因为冰河时期来临，严寒的气候阻碍了当时的人类向别处迁徙，这些人不仅没有离开，而且在这个地区一住就是10万年，还留下了各种不同的石器。然而，从8万至7万年前开始，石器的外观出现了巨大的改变。在卡拉博姆（Kara-Bom）与卡拉科尔河谷（Ust-Karakol）等遗址出土的石器，外形十分近似旧石器时代晚期人类使用的、有“现代智人石器”之称的石头刀片。但现代智人最早出现在此地是在4万年前，这说明这些石器是由其他人类打造出来的。

距今5万至3万年的那段时期非常特殊，当时的人类会在夏天外出打猎，到了冬天则待在洞穴里躲避严寒。丹尼索瓦洞穴是阿尔泰山区的诸多山洞之一，洞穴里明显留有人类在此过冬的痕迹。洞穴顶端有一个自然形成的坑洞，像烟囱一样具有通风排烟的功能，十分适合在里面生起篝火度过寒冬，因此自然会吸引人类在此处居留。但令人不解的是，在这段时期的丹尼索瓦洞穴中，混杂了两种不同文化的痕迹，而且皆被视为现代智人留下来的“杰作”，例如，可能被当作矛头使用的狩猎武器，或是用兽齿穿成的项链、用石头制成的手镯等。但洞穴内完全没有人类的化石，这些遗物的主人身份也成为一团疑云。

然后，就在2008年，丹尼索瓦洞穴出土了一块如黄豆般大小的骨头化石。它的外观像人类的小指骨头，但科学家不认为它有研究价值，因为这里从未发现过人类化石，所以它有可能不是人类的骨头，而是来自一头曾经住在洞穴中的熊。

居住在亚洲的人类近亲

在2010年，科学家利用古代DNA解码技术，分析了从骨头中提取出的DNA，发现这块化石的主人原来是一名六七岁的小女孩。但她的DNA与现代智人的DNA不太一样，看起来也不像是尼安德特人的。换言之，她既不属于现代智人，也不属于尼安德特人。从玛兹梅斯卡亚洞穴与文迪亚洞穴（Vindija Cave）出土的尼安德特人化石，其生存年代与这名小女孩差不多，但DNA与她的不同，这说明她可能是从欧洲系统分出来的一个独立人种。后来，科学家又提取出了3个线粒体基因组（由于生物体内每一个线粒体的DNA的核苷酸序列皆不相同，所以通常会尽可能多地提取几个样本进行分析），结果与欧洲及邻近阿尔泰地区的尼安德特人也有着极大差异。这证实了她的确是区别于现代智人与尼安德特人以外的第三种人类，古人类学家因此将她命名为“丹尼索瓦人”。

后来，研究人员又在洞穴中找到一颗成人的臼齿（智齿）化石，其外观同样与现代智人及尼安德特人的牙齿有所差异。但是，单凭一块小指骨与臼齿化石，姑且不论物种定义上的问题，科学家都根本无法推测出丹尼索瓦人的外观形态。换言之，这名人类的祖先只存在于DNA的形式中，与过去用化石来定义物种的情况完全不同。或许，人类已经开启了没有化石也能研究古代人种的新时代，我们共同见证了古人类学史上的重大转折点。

至于世界各地的现代人体内是否有丹尼索瓦人的基因，遗传学家与古人类学家也进行了确认。他们确实在某个现代人体内找到了丹尼索瓦人的基因，但这个现代人竟然是生活在大洋洲南部巴布亚新几内亚与所罗门群岛上的美拉尼西亚人，这实在是离奇。现代美拉尼西亚人体内有4%的DNA来自丹尼索瓦人，也有4%的DNA来自尼安德特人，这说明美拉尼西亚人虽然属于现代智人，但他们身上带有8%的古代人类DNA。不过，就地理位置来看，东北亚地区应该离丹尼索瓦洞穴最近，但学者没有在东北亚人身上找到丹尼索瓦人的DNA。这种情况刚好与尼安德特人相反，他们过去主要居住在欧洲，其基因大都是在欧洲人身上找到的。

为什么会出现这样的结果？学者给出了一个最有可能的解释：丹尼索瓦人曾在晚更新世（距今12.5万至1.2万年）遍布于整个亚洲大陆，但他们与来自非洲的现代智人相遇后，发生了通婚与混血（基因转移）的情况，而有利于生存的丹尼索瓦人基因就这样被持续留存在现代智人体内。在现代智人身上发现的丹尼索瓦人基因与人类的免疫系统有关。最近，科学家在藏族人身上找到了某种基因，可以让藏族人在高海拔的环境下自由自在地生活，而这个基因正是来自丹尼索瓦人。

可是，为什么大部分亚洲人身上都找不到丹尼索瓦人的DNA？难道现今的亚洲人是混血人种移居到美拉尼西亚之后才出现的吗？关于丹尼索瓦人的基因研究才刚开始，所以这些问题至今尚未有确切答案。同样有研究指出，丹尼索瓦人的基因的确留存在亚洲人的体内，只是不太容易发现，而我们现在对这种基因的了解又太少。现有的数据不够完整，以至于无法得出结论。然而这些都只是时间问题，这也是我们必须持续关注亚洲人起源的原因。

居住过丹尼索瓦洞穴的3种人

目前在丹尼索瓦洞穴发现的人类化石总共有3种，分别是一块小指骨、两颗臼齿与一块脚趾骨。DNA分析结果证实，这块脚趾骨来自尼安德特人，其外观也与伊拉克出土的尼安德特人脚趾骨非常类似。在距离丹尼索瓦洞穴100千米至150千米外的另一个洞穴中，科学家发现了有4.5万年历史的尼安德特人化石与石器。这证明了丹尼索瓦洞穴的“房客”不只有丹尼索瓦人与现代智人，还包括尼安德特人。

综合以上各项证据，我们可得出结论：距今8万至7万年，丹尼索瓦人居住在阿尔泰地区，然后从4.5万年前开始，逐渐有尼安德特人来到此地。他们分别留下了各自使用的石器，以及少许人骨化石。接着，丹尼索瓦人在4万年前灭绝了，现代智人出现后便占领了他们的地盘。阿尔泰地区在很短的时间内，先后成为3种人类的栖息地。

他们之间到底发生过什么事情？他们相遇后是否留下了共同的后代？就像现代智人体内含有尼安德特人与丹尼索瓦人的DNA，丹尼索瓦人的基因中也含有17%的尼安德特人基因。种种迹象表明，这3个物种间一定存在着某种我们不了解的复杂关系。

我们从丹尼索瓦人的故事可以看出，现代人类的起源并不简单，随着相关研究越来越深入，关于我们身世的真相也变得更加复杂且神秘莫测。

20

★

寻找“霍比特人”

史上最大的灵长类动物巨猿不仅体形壮硕，而且体重可达300多千克。以现在的标准来看，它就是个巨人。接下来，我要跟各位介绍的人种却与巨猿完全相反，那就是体形十分矮小，被戏称为“霍比特人”的人类近亲——佛罗勒斯人（*Homo floresiensis*）。

在印尼的佛罗勒斯岛上，流传着一个非常有趣的传说。相传有种叫作“哎步勾勾”（Ebu Gogo）的小野人曾经住在这座岛上，他们的身高不到1米，全身上下长满浓密的毛发，还有一双大脚丫。你还记得在《魔戒》中也有一种身材矮小、长着一对大脚掌的霍比特人吗？这两者之间会不会有什么关联呢？

有趣的是，澳大利亚古人类学家迈克·莫尔伍德（Mike Morwood）在2003年，真的在岛上发现了如霍比特人般矮小的人类化石。化石的体形娇小，尤其是头部简直小到令人难以置信，就连人类婴儿的头都比他大。莫尔伍德认为这是至今从未见过的新人类物种，并将其命名为“佛罗勒斯人”，舆论媒体也随即为他冠上“霍比特人”的绰号。

不可思议的霍比特人化石

这并非第一次在佛罗勒斯岛发现古代人种的遗迹，过去就曾有考古学家在这里找到了70万年前人类出现的证据。人类学学者甚至推论，人类在这座岛上已经生活了100万年。不过，与同在印度尼西亚群岛的爪哇岛（荷兰解剖学家在此地发现了180万年前生活在当地的爪哇人化石）相比，人类来到佛罗勒斯岛的时间似乎有点晚。

这当中其实隐藏着一个无法用数字来判断的复杂问题。把东南亚的地图摊开来看，我们会发现印度尼西亚是由许多个不同大小的岛屿组成的。岛屿周围的海底地形大致区分为深海区与浅海区，其中似乎有一条隐形的界线将这两个区块分隔开来，而这条分界线正是所谓的“华莱士线”[1]。印度尼西亚的爪哇岛位

[1] 原编者注：这是生物地理学中东洋区与澳大拉西亚区的分界线。英国博物学家华莱士在马来群岛做研究时，注意到婆罗洲与苏拉威西岛、巴厘岛和龙目岛之间似乎有一条隐形的界线，界线两边的生物相有明显不同。为纪念他的发现，科学界便用他的名字为这条线命名。

于华莱士线以北，属于浅海区。在冰河循环出现的时期，海平面高度也会随之升降。当海平面下降，华莱士线以北的区域便会出现与亚洲大陆相连的陆地，动物或人类都能直接步行过去。但佛罗勒斯岛位于华莱士线以南的深海区，即便是在最严寒的冰河期，海平面下降至最低，这块区域仍是一片汪洋大海，不管去哪里都要乘船。佛罗勒斯岛从未与大陆接壤，但令人好奇的是，在100万年前就有人类居住在这座孤岛上了。

至今，佛罗勒斯人的来历不明。他们有可能是偶然来到这座岛上，也有可能是基于某种特殊的原因才来。无论是哪一种情况，一旦登上这座岛，他们都很难离开。

虽然科学家在佛罗勒斯岛上不断发现考古学遗迹，但始终没有找到古人类的化石。到了21世纪初，期待已久的人类化石终于出现，那就是莫尔伍德发现的佛罗勒斯人。通过研究化石，学者推测佛罗勒斯人在6万至1.8万年前便生活在这座岛上。这一发现令所有人都感到兴奋。

佛罗勒斯人出现在佛罗勒斯岛上的时间，与现代智人出现在澳大利亚大陆的时间十分相近。如同佛罗勒斯岛的状况，澳大利亚同样位于华莱士线以南，同样被孤立在一片汪洋中。现代智人越过汹涌的大海，在澳大利亚安身立命，成为澳大利亚最早的原住民。这下问题来了：佛罗勒斯人究竟是属于现代智人，还是新的人类物种？他们是像澳大利亚原住民一样的现代人，还是人类已经灭绝的亲戚？由于仅挖掘出一具化石，因此这种罕见的情况引起了不少争论。关于佛罗勒斯人的身世之谜，学者们分成两派：一派认为佛罗勒斯人虽然拥有奇特的外形，但仍然属于现代智人的范畴；另一派则认为佛罗勒斯人不属于现代智人，而是拥有矮小身材与小脑袋的新人类物种。

争论的开端源于佛罗勒斯人的头骨，经过比对，科学家发现佛罗勒斯人的脑容量不到400毫升，比婴儿和成年黑猩猩的脑容量还要小很多，因此很难将他归为现代智人。即便是患有侏儒症的现代智人，脑容量也不会这么小。一般来说，身高不到1米的侏儒症患者，其脑容量与一般人并没有太大差异。由此可见，佛罗勒斯人并不是单纯患有侏儒症的现代智人。

也有人怀疑，佛罗勒斯人是患有小头畸形症的现代智人。为了检验这个说法，科学家试着在佛罗勒斯人身上找出患有小头畸形症的身体特征，最明显的就是头围较小且外观畸形，四肢也会出现发育不全的情况。最后的研究结果却造成了“同一个数据、不同结论”的奇怪现象。首先，主张佛罗勒斯人是新人种的学者认为，两者的脑部结构完全不一样。美国佛罗里达州立大学人类学系的迪安·福尔克（Dean Falk）教授带领科研团队，利用电脑断层扫描与3D（三维）造影技术对佛罗勒斯人的头盖骨进行了研究。他们在2005年发表的结果显示，虽然佛罗勒斯人的头与小头畸形症患者的头一样小，但内部结构完全不同。

美国哥伦比亚大学人类学系的拉尔夫·霍洛威（Ralph Holloway）教授却反击道：“现在看到的头颅化石外观，是在地层中受到挤压变形的结果。”这个说法与福尔克教授的结论形成对立，也让整件事的发展再度回到原点。事实上，这两位学者在1980年就曾针对非洲南方古猿“汤恩幼儿”事件展开过激烈辩论，没想到在30年后的2010年，他们再次为了佛罗勒斯人的头骨化石而正面交锋。

全新证据：一小块手腕骨化石

既然无法从头骨上得出结论，那么人类学学者便将注意力转向其他地方，比如，制作工具的能力也是值得研究的特征之一。佛罗勒斯岛出土的石器外观与200万年前的非洲奥都威石器非常相似。但很多人还是认为，不到400毫升的脑容量实在太小了，佛罗勒斯人绝对无法制造出那样的石器。

另外，有学者注意到形体上的特征，虽然佛罗勒斯人的腿骨与著名的阿法南方古猿化石“露西”的腿骨长度十分接近，但还是有些不太一样。比如，现代智人中身材最矮小的非洲俾格米人（Pygmies）与安达曼群岛上的矮人土著，其臂骨形态都与佛罗勒斯人十分接近。因此有人类学学者认为，佛罗勒斯人只是发育不良，他们其实就是“迷你版”现代智人。为了证实这个假设，古病理学者在佛罗勒斯人身上找到了几项特征，例如，四肢骨头的外侧较薄且左右不对称，以及小腿骨出现弯曲现象，这些特征全都疑似发育不全。但仍有其他学者认为，佛罗勒斯人的小腿骨弯曲程度没这么严重，尚属正常范围，四肢骨头的不对称也极有可能是死后受到外力挤压造成的。

万万没想到，科学家在一个非常细微的地方找到了终结这场争论的新证据，那就是手腕骨架中的小多角骨。当初出土的佛罗勒斯人化石中有两块小多角骨，由于它在受精卵形成胎儿后不久便存在，所以就算怀孕3个月后胎儿出现发育异常的情况，这块骨头也不会受到任何影响。我们只要观察小多角骨的形态，无论个体是否发育不全，都能辨别该个体是否属于现代智人。

结果证实，佛罗勒斯人手腕骨的形态与生活在上新世且最早学会制作工具的早期人类十分相似，硬要归类的话，反而更接近类人猿。近年来也有越来越多的数据资料支持佛罗勒斯人不属于现代智人，更有可能是新人种。

可是，佛罗勒斯人为什么会这么矮？在学术界有

“岛屿侏儒化”一说，是指困居在孤岛上的生物会经历与本土动物完全不同的进化途径，比如，大象会变得越来越小，老鼠则会越变越大，所以才会进化出科莫多巨蜥那样的大型蜥蜴。关于这些假设还需要进一步研究，科学家必须先搞清楚，佛罗勒斯人是因为被孤立在岛上才变得越来越矮小，还是天生如此。

佛罗勒斯人是南方古猿的后代?

佛罗勒斯人的四肢骨骼长度和骨盆外观都与阿法南方古猿或非洲南方古猿十分相似，体形与头部尺寸也符合南方古猿的特征。但这个事实令人类学家非常不解。如果这个化石是在300万年前的东非地层中被发现的（和“露西”出土的地点一样），我们应该就能轻松地将它纳入人类进化中的某个阶段，不会有太大的争议。可偏偏出土地点是在令人意想不到的亚洲，其生存年代又刚好与平均脑容量为1400毫升的现代智人十分接近，这有可能吗?

类似的情况也出现在格鲁吉亚的德马尼西化石

上。虽然这个化石是在和直立人同时期的亚洲地层中发现的，但其头部与骨骼尺寸都更接近生活在远古非洲大陆的南方古猿。

如果佛罗勒斯岛与德马尼西出土的化石确实属于南方古猿的后代呢？那真的会是一件重新改写人类历史的大事，因为它违背了我们迄今为止对人类进化与迁徙模式的认知。

目前，人类起源的理论大致是这样：在非洲，身材矮小且脑容量不大的南方古猿经过漫长的进化后，体形与脑袋不但变得越来越大，也开始出现食用肉类的习惯，人属物种便这样逐渐进化而来。然后他们离开了非洲，迁徙至世界各地，日后才先后进化出直立人与现代智人。此观点的核心假设就是，南方古猿由于“天生能力不足”，体形和脑袋都不够大，所以无法走出非洲。但如果德马尼西的人类化石或佛罗勒斯人是南方古猿的后代，就意味着当时南方古猿早就已经走出非洲，先前那一串理论也就不再成立。换句话说，早在人属物种出现以前，人类的祖先就已经走出了非洲，而当时他们不仅没有壮硕的体形，就连脑容量也不大。这样的说法可能会将人类的起源导向“由南方古猿的其中一支后裔在亚洲进化出人属物种”这样的结论，为“亚洲起源论”提供了有力的支持。如果一切属实，则考古人类学界必将再次掀起一场惊涛骇浪。

最后让我们来总结一下。以下这一段如小说般曲折离奇的情节，确实有可能发生：有一批南方古猿在距今约300万年前走出了非洲，它们沿着广阔的草原迁徙至欧亚大陆各地，其中一个群体甚至一路迁徙至印度尼西亚的佛罗勒斯岛。这些南方古猿便一直被困在岛上存活至近代，这就是佛罗勒斯人真正的来历。

若想进一步验证这个故事，我们就需要更多的证据，至少要再挖掘出另一个形态类似的头骨化石。目前只挖掘出了一个佛罗勒斯人的头骨，在这样的情况下，我们无法做出任何定论。佛罗勒斯人的发现者莫尔伍德教授已于2013年逝世，谁会是下一个化石发现者呢？

剪不断、理还乱的宿敌情结

诚如本章内容所述，美国佛罗里达州立大学的迪安·福尔克教授，与哥伦比亚大学的拉尔夫·霍洛威教授，数年来一直是竞争对手，两位都是以头骨塑形模型来研究大脑进化的著名学者。

双方的第一次交手，是在20世纪80年代。当时，霍洛威教授认为，在非洲南方古猿“汤恩幼儿”的枕叶（大脑皮层的部分结构，大约在后脑勺的位置）中，月状沟的位置比类人猿的低，这主要是因为“汤恩幼儿”的枕叶增大。反对“汤恩幼儿”是人类直系祖先的学者，一直都以其脑容量不够大作为论据，霍洛威教授却认为：“虽然脑容量不大，但其脑内结构与现代智人十分接近。”这一主张大大支持了当时“非洲南方古猿是人类直系祖先”的论点。然而，福尔克教授进行了反驳，他认为“汤恩幼儿”的月状沟位置并不低，而且其位置与枕叶的大小并没有任何关联。

这个议题引发两派学者激烈辩论，并且持续了20年之久。在20世纪90年代，某次在研讨会上，这两人擦肩而过时，竟然向彼此打了声招呼。周围的人在惊吓之余，忍不住交头接耳、窃窃私语起来。那可是数十年来双方第一次搭话啊！这充分说明了当时两人之间那种剑拔弩张的关系。然而好景不长，几年之后，他们又因为佛罗勒斯人的化石而再次展开辩论。

★ 挖掘出“小矮人”——佛罗勒斯化石的洞穴，位于印度尼西亚佛罗勒斯岛。

21

★

全球70亿人，真的都是一家人？

我在本章想与各位探讨一下人类学中极度敏感的议题，那就是“人种”。也许你会说:“事实不是已经证明，全世界的人类都属于同一个物种，人种的区分只是来自人类的偏见与歧视吗？这个问题不是早就已经过时了吗？”实际上，人种问题至今依旧充满争议，研究越多，争论越多。看完本章之后，或许我们将会对全球70亿人完全改观。

所谓人种的概念最早出现于何时何地，目前仍无法确定。在过去，当来自不同群体的人类相遇时，各方都会习惯性将自己所属的群体视为“正统”，为对方冠上“蛮夷戎狄”等蔑称。此现象普遍存在于世界各地，无论是有文字记载的大文化圈，还是没有文字记载的少数民族。这都是因为人类总是认为自己才是世界的中心。

近代人种的概念却是在一二百年前才出现的。在15至16世纪时，欧洲人走遍地球上每个角落，不仅陆续“发现”了许多“新大陆”，而且在当地进行大规模“开发”。在达尔文提出“进化论”的1859年，欧洲人明显意识到自己与居住在非洲、东南亚、大洋洲、美洲等地的原住民不仅在外表上看起来不大一样，而且在语言、文化、生活习性等各方面都存在许多差异。他们无法将这些人视为与自己同等的“人类”，为了有所区分，便创造出“白种人”“黑种人”“黄种人”的概念，再根据地区分为马来人、印第安人等。

到了19至20世纪，人种在生物学上究竟该如何定义，引发了激烈的争论。其中最激进的观点是“人种就是彼此不同的物种，地球上总共存在3个不同的人种”。这番话暗示着，除了白种人以外，其他的种族都不属于“正统人类”，而这些不同的人种不应该通婚并繁衍后代，或是其他种族所生的孩子都不正常，诸如此类的传闻便流传开来。

当欧洲人更频繁地探索世界各地，了解到人类无穷无尽的多样性之后，他们开始思考是否还有更多不同的人种。有人认为是5种，有人认为是7种。随着20世纪初优生学兴起，以及人们对物种的单纯迷恋，某些学者开始研究世界上究竟有多少人种。

没有人种，只有人类

若硬要用物种的概念来解释人种，则从生物学上来看毫无说服力。单一群体若想独立成为个别的物种，则必须持续处于一种不受外界影响的隔离状态。那么，这种状态要持续多久？让我们来看看澳大利亚原住民的案例。现代智人初次登陆澳大利亚的时间点，大约是在6万年前。直到17世纪，荷兰人来到澳大利亚[1]，这中间至少有五六万年的时间[2]，这群现代智人就在这块大陆上过着遗世独立的生活。

难道是因为这样，澳大利亚原住民才会长得特别与众不同？以至于欧洲人初次看见他们时，还怀疑这些人是否真的具有“人性”，甚至一度禁止彼此通

---

[1] 原编者注：1606年，荷兰航海家威廉·扬松（Willem Janszoon）在约克角西岸登陆，是第一个登陆澳大利亚的欧洲人。

[2] 现代智人究竟被“隔离”在澳大利亚大陆多长时间，至今仍存在着许多争议。当然，科学家并没有排除不断有人类迁徙至澳大利亚的可能性，然而那些人一旦抵达澳大利亚便很难离开了。

婚。然而这些禁令还是无法阻止混血宝宝的出生，欧洲人终究是与澳大利亚原住民繁衍出了后代。从生物学来看，不同物种之间难以交配产出后代，即便成功生产，产下的后代也会失去生殖繁衍的能力，如同马与驴交配生出了骡，骡却没有生育能力。如果澳大利亚原住民是另外一个不同的物种（人种），那他们与欧洲白人生下的孩子应该会患有不孕症，无法继续传宗接代。但实际情况不是这样。换言之，如果隔离了6万年，澳大利亚原住民仍没有分化成一个新的独立物种，那么人类极有可能无法通过隔离的方式进化出新的物种。

如果人种不适用于生物学的物种概念，那么我们来考察一下它是否属于物种之下的分类层级——亚种。目前，生物学对亚种的定义为“属于同一个物种，但因为某些自然隔离的条件，造成彼此间演变出一定程度的形态差异，若是持续隔离下去，则有可能成为个别独立的物种”。说实在话，亚种的概念十分抽象，定义也模糊不清，虽说主要条件是“自然隔离”，但到底要隔离到何种程度呢？而亚种要进化到何种程度才算是新物种呢？

此外，亚种的自然隔离条件也难以适用于人类的情况，因为人类无法彻底做到遗世独居。那些所谓与世隔绝、独自隐居在荒山野岭的人，最后还是登上了电视或被杂志报道。现实的情况就是，人类无法一直处于完全隔离的状态，就算能，时间也不够长，自然无法引用亚种的概念来解释人种。

最后一个难题是，如何用简单又有逻辑的方式来证明人种是物种还是亚种？想象一下，为了确认某两个群体是否属于同一个物种，科学家让它们一个个直接交配来检验，这有可能吗？当然不可能。这种做法不但会耗费大量的时间与金钱，而且会牵扯出道德伦理问题。当实验对象涉及与人类十分亲近的动物，或人类本身就是实验对象的时候，问题就更严重了。举例来说，为了确认人类与黑猩猩确实属于不同的物种，我们可以直接让两者进行交配吗？当然不行（虽然曾有传言称科学家通过人工授精方式来进行“猩猩人”实验）。但我们仍然可以使用其他不会受到大众质疑的方式，来确认两者是否属于不同的物种。

事实上，我们可以通过外形差异来判定两个不同的生物是否属于同一个物种。相同的物种拥有相同的基因库，因此在外观上也会出现相似特征。以人类为例，虽然每个人的长相、身材各不相同，但我们还是可以从远处就分辨出人类与其他动物的差异，因为每个人皆拥有异于其他动物、唯人类独有的共同特征。

如果同一物种的两个群体，彼此间长期处于隔离状态，则最终也会导致基因库发生变化吗？随着时间流逝，这两个群体从外形上看会越来越不同。因为彼此间没有所谓的基因流动，群体之间的差异将会不断累积。如果一直隔离下去，差异会越来越大，而这两个群体就被定义为亚种，最终成为各自独立的物种。这就是为什么我们可以通过外形差异来判定不同的生物群体是否为同一物种。但问题是，我们无法明确地界定差异究竟要多大，才算是不同物种。研究古人类学时，常会提到一个典型的问题：“这两块化石之间的差异，会不会大到让它们无法被归为同一个物种？”人类之间肤色的差异，大到足以让我们被归为不同的物种吗？

从生物学角度来看，人类的确拥有丰富多样的特征，但这些特征的成因又多又复杂，难以明确区分出物种。有些特征的分布与地理位置一致，比如，亚洲人拥有铲形门齿的比例相当高；相反，有些特征分布呈现出一种难以厘清的连续性，比如，人类的肤色就是根据紫外线照射量以渐变的方式分布于地球上，该从何处确切区分“黑皮肤”的黑种人或是“白皮肤”的白种人呢？或者有些人无法尝出苯硫脲（PTC）的苦味，有些人却可以[1]。虽然这些特征明显不同，但这种现象与人种无关。所以从人类学的角度来看，所谓的人种并非生物学上的概念，而应该从历史、文化与社会层面来解释。

---

[1] 原编者注：苯硫脲是一种外观为白色粉末的有机化合物，常用于遗传学分析，因为一个人能否尝到苯硫脲的苦味取决于他的基因。据研究统计，世界上约有四分之一的人尝不到其苦味，这被称为“苯硫脲味盲”。

谁才是真正的“人类”？

若以上述理论来解释现代智人的起源，则会引出许多有趣的问题：旧石器时代晚期的欧洲人被认为是现代智人的起源，他们到底与尼安德特人长得有多不一样？两者间的外形差异，真的大到无法将他们视为同一物种吗？就算他们长得不一样，只要没有超出特征多样性的范围，是否有理由将他们归为不同的物种？

若要将尼安德特人与现代智人进行比较，我们必须先把比较对象的定义弄清楚。这项工作可没你想象的那么简单。我们是否该把欧洲人、亚洲人、非洲人，以及大洋洲、美洲大陆的原住民，全都放进现代智人的范畴内？如果真的这样做，那划分依据又是什么？

英国自然历史博物馆的克里斯多夫·斯特林格（Christopher Stringer）博士与米尔福德·沃尔波夫教授在人类学的研究上一直互为竞争对手，甚至曾在20世纪80年代因如何定义现代智人的问题，引发了一场激烈论战。斯特林格博士主张，必须先明确定义现代智人的范畴，才有办法找出根源，所以他列举出了现代智人的特征，也就是“正统人类的条件”。若按照这些“条件”进行分类，则包括澳大利亚原住民在内的大部分人都会被排除在现代智人的范畴以外。沃尔波夫教授当然反对这个论点，他认为那张“正统人类条件”清单充满了排他性与种族歧视的意味。毫无疑问，现今世上所有人类都属于现代智人。既然是“人类”的清单，就应该包括所有人类的共同特征，至少是大部分人的。

为何会发生如此荒唐的争论？让我们再回到现代智人的定义问题。诚如前文所述，澳大利亚原住民与其他人类之所以在外观上有较大的差异，是因为他们被隔离了6万年之久，而其原本的样貌特征就这样一直被保留下来。因此，如果将澳大利亚原住民与现代智人视为同一物种，我们就得考虑是否该将外观与我们差异更大的其他人类（包括古代人类）也纳入同一物种。

尼安德特人就是一个最具争议性的例子。虽然尼安德特人的外形与现代智人差异很大，但还不至于大到从人群中瞬间将他挑出来，也就是说，他与现代智人的差异还在特征多样性的可接受范围内。尼安德特人确实有可能属于现代智人的一分子。再加上最近的研究指出，尼安德特人与现代智人曾经繁衍出了后代。因此，包括你我在内的每个人体内都带有尼安德特人的基因。既然如此，将两者区分为不同物种的做法是否正确？所以学术界至今仍在争论尼安德特人的学名到底是智人，还是智人的亚种。

非洲起源论是真的吗？

斯特林格博士与沃尔波夫教授间的论战虽已结束，但问题的根源尚未真正解决。这并不只是将谁排除在人类资格之外的问题，而是与整个人类的起源息息相关的问题。

在了解到人类基因的多样性之后，我不禁想问：主张现代智人是在某个时间点于单一地点起源的“非洲起源论”（人类单地起源说）是不是正确的？若以单地起源的观点来看，怎么会有各种不同的人类基因被保留在我们体内?

我认为人类并非起源于单一地区，而是来自许多不同的地区。我也认为人类的祖先并不是单独一群人迁徙到世界各处，而是不同地区的不同人群在迁徙时遇见彼此、互相交流，产生了基因上的转移，最终融合成我们现在的样子。这样的过程造就了今日人类的多元样貌，尽管我们的长相如此不同，但我们都属于同一物种，我们都是现代智人的一分子。这就是与“非洲起源论”分庭抗礼的“人类多地起源说”。该学说认为尼安德特人与现代智人通过基因的交流，不断进化出单一的人类物种，而这个说法也与最近遗传学的研究结果十分吻合。

到目前为止，我们已经谈论了许多关于近代与古代人类亲戚的生死故事，对现代智人的相关知识却了解甚少，就连最基本的身家调查都还没有完全搞清楚。也许，在关于人类进化的诸多问题中，最困难也最令人兴奋的部分，就是我们自己。

学术与政治

20世纪90年代，“非洲起源论”与“人类多地起源说”引发全球学术界热议，最后甚至还出现了个人情感介入的情况。两派学者暗中中伤，互相指责对方是种族主义者。

支持非洲起源论的学者认为，现代智人在近代才诞生于非洲，所以我们现在看到人类丰富的多样性，也是最近才进化出来的，所有人类都是血浓于水的兄弟姐妹。他们指责人类多地起源说支持者，说他们提出的“人类从很久以前就分化成不同种族”的观点无疑是一种种族主义。

支持人类多地起源说的学者则认为，人类并非分化成不同的种族，而是不断通过基因转移的方式维持单一人类物种，所有人类在很久以前就是兄弟姐妹了。他们反驳对手，现代智人从非洲迁徙至世界各地，却并未与当地的原住民交流，反而将他们灭绝并取而代之，这种论调才真正反映出对非洲人的种族歧视以及殖民者心态。

当然，这些争论都是发生在研讨会上，或是学者们私下批评，没有以论文形式正式发表。两派学者的互相批斗，早已脱离了理论与资料本身，甚至不惜发表带有政治意味的言论。这不仅充分反映出当时两派学者间的紧张关系，而且说明了经过理性训练、应以理论为基础的专业学者，其实也不过是凡人。

22

★

人类还会继续进化吗？

“人类还会继续进化吗？”

这是我在课堂讲课时，最常被学生问到的一个问题。有许多人认为，既然人类已建立起高度发达的文明与文化，那么从生物学角度来看，人类的身体应该不会再继续进化了。也就是说，人类超越了生物学层面，演变成一种更高层次的存在。

在20世纪60年代，美国著名人类学家莱斯利·怀特（Leslie White）曾说：“文化是人类适应环境的一种外部手段。”这意味着人类会通过创造文化来适应自然环境。按照这句话的意思，我们可以做出以下推论：在文明与文化日趋发展的当下社会，与其说人类是以自身力量来适应环境，倒不如说是各种工具的出现让人类得以适应各种环境。例如，人类不再需要厚厚的脂肪层来抵御寒冷，只需要一台能让人从头暖到脚的电暖器。随着文化与文明的持续发展，人类不再需要改变自己的生理机制来适应环境。这个观点在逻辑上并没有错，但事实真的是这样吗？人类真的超越了生物进化的机制吗？

这让我想起在20世纪90年代发生的一件趣事。

我当时正在撰写博士毕业论文，一位专攻文化人类学的同学问了我一个问题："你的博士论文题目是什么？"

"《通过化石资料观察雌雄二型性在人类进化史上的变化》。"

他接下来所说的话令我大吃一惊：

"雌雄二型性？性别不就是一种社会文化概念？通过化石也可以看得出来吗？"

这句话如实地反映出美国人类学界在20世纪90年代的研究氛围，当时人们认为人类是一种"文化的存在"，早已超越了一般生物学意义上的物种概念。甚至有人激进地提出，人类所有的一切都是通过文化才得以实现的，就连人类的躯体与基因也全都是社会文化概念，好像人类的存在已经完全脱离生物学的范畴。

人类文化诞生于1万年以前

人类最早开始制作工具的时间，大约可以追溯至200万年前，但文化与文明是在人类开始从事农耕与饲养家畜后，距今大约1万年才正式出现的。随着农业与畜牧业逐渐发展，人类才可以自己制造出食物（而不是靠狩猎和采集），生产力大幅提升，过剩的资源造成了社会阶级诞生，也加速了人类文明的进程。

文化就这样一步步主宰了人类的演进与改变，生物学层面的进化理论似乎逐渐被人们抛诸脑后，甚至连遗传学者也主张："过去1万年间发生的突变，对人类适应环境来说既无好处也无坏处，由此可知，基因突变并不再受到自然选择的影响。"换言之，达尔文"进化论"的核心——自然选择对遗传的影响也越来越微不足道。

进入21世纪之后，遗传学上的一项新研究却让整个情况出现转变。各国共同参与的"人类基因组定序计划"完成之后，通过基因比对的方式，科学家可以分析出哪些基因经历了哪些变化，也陆续找出了推翻既有理论的基因突变。令人惊讶的是，人类的进化不仅没有停止，反而变得越来越快。而加速进化的关键，正是人类引以为傲的“文化”。

来看看人类肤色进化的案例（参见第7章）。自从人类出现之后，住得最久的地方要数东非大陆。由于东非位于赤道附近，日照不仅充足，而且十分强烈。为了适应这样的环境，人类突变出可制造黑色素的基因来阻隔紫外线，所以早期人类的肤色是接近深色的。这些人在开始往世界各处迁徙并且定居在阳光没那么充足的中纬度地区时，刚好碰上冰河期最寒冷的一段时期。天空中乌云密布，阳光照耀的时间变得越来越少，含有大量黑色素的皮肤阻碍了紫外线的吸收，对人类反而是不利的。紫外线是人体合成维生素D的必要条件，人类若无法自行合成维生素D，就无法有效地吸收钙，久而久之可能会造成骨骼发育异常，进而对人类的生存和繁衍造成严重威胁。因此，居住在中纬度地区的人类也产生了突变，皮肤中的黑色素越来越少，肤色也越来越白。这就是人类肤色从黑变白的“维生素D假说”。如果这个论述成立，人类肤色变白的时间点就应该在200万年前他们从非洲迁往北方的时候。但我们无法通过化石得知人类进化出白皮肤的确切时间，因为皮肤并不会以化石形态保留下来。庆幸的是，科学家通过研究遗传基因找到了答案。

1999年，科学家首次发现了决定肤色的基因，到目前为止，他们又陆续发现了十几种肤色基因。有趣的是，即使是同样的肤色，基因组成也不一定完全相同，例如，住在欧洲的白人与住在亚洲的白人肤色基因就不太一样。欧洲人的白皮肤首次出现于约5000年前，是在人类走出非洲后经过相当漫长的一段时间才进化出来的。人类向北迁徙的历史已有200万年，白皮肤突变却发生得如此晚，这说明“维生素D假说”并不成立。

对此，学者提出了新的解释。他们认为，移居至中纬度地区的人类仍然可以靠狩猎获得大量的海鲜与肉类，而这些食物中含有丰富的维生素D，不一定非要靠皮肤吸收紫外线来合成，所以才迟迟没有出现白皮肤的突变。大约在1万年前，农业的出现让人类的饮食形态改变了，大量谷物取代肉类与海鲜，在无法摄取充足维生素D的情况下，人类再次选择通过皮肤吸收阳光来合成维生素D。缺少黑色素的白皮肤可以吸收更多紫外线，合成更多维生素D，更有利于适应环境，人类的肤色因此越变越白。换言之，农耕文化让人类自然选择了白皮肤，这意味着身体的进化并未被文化取代，反而是文化的出现推动了进化的发展。

事实上，专门研究骨骼的学者在20世纪70年代便提出了这个观点。美国堪萨斯大学的大卫·费尔教授研究了旧石器时代晚期与中石器时代的欧洲人骨骼，发现人类进化的速度与过去相比有大幅增加的趋势。但当时的主流观点恰恰相反，学者们普遍认为文化与文明的发展让人类的进化变得更缓慢，因此费尔教授的观点并未引起反响。后来，科学家又发现了许多类似的案例与佐证，人类学家格雷戈里·科克伦（Gregory Cochran）和亨利·哈本丁（Henry Harpending）将这些进化案例结集成书，书名叫《一万年的爆发》（*The 10,000 Year Explosion*）。

发达的医学促进人类进化

与更新世时期相比，最近5000年来人类进化的速度比远古时期的人类快100倍。造成此种现象的主要原因有几个，其中一个是人口增加。大约1万年前，农业开始发展，人口大幅增加，基因突变的数量也与日俱增。在这种情况下，即便基因突变的概率没有改变，但基数（人口数）越多，实际发生的突变数量也越多。突变增加了基因的多样性，而基因多样性正是生物进化的关键因素。总而言之，增加的人口为生物进化提供了大量而丰富的素材，让人类进化在无形中加快了脚步。

人类的群体间交流也促进了人类进化，这样的交流当然也包括基因上的交流，而且从很久很久以前就开始了。农业出现之后，人类建立起国家，有了边界，大规模的战争与迁徙接踵而至，促使人类的群体间交流在短时间内急速增加，基因的多样性也以同样惊人的速度扩展到世界各地。

此外，发达的医学也是促使基因多样化的主因之一。许多曾经无药可救的绝症，现在都找到了治疗方法，死亡率因此大幅下降，这提升了人类将基因传递给后代的概率。举例来说，像我这样近视到快要看不见的人，要是活在尼安德特人的时代或是1万年前的农业社会，可能很快就会丢掉小命吧。但今天的我不仅安全地活下来了，而且能从事对社会有益的工作。

最后，以惊人速度增加的基因多样性，发展出一种新形态的、具有地域特性的变异模式。最近，科学家在藏族人身上发现一种特殊基因EPAS1，让他们很容易适应高海拔环境。令人惊讶的是，这个基因突变仅花了1000年左右的时间就扩展到整个西藏地区，该突变也被称为“人类史上最快的进化范例”[1]。人类在适应新环境的过程中发展出某种文化与文明，这样的文化与文明也会反过来影响环境。在文化与环境互相牵制、互相融合之下，人类的基因为了与之相适应又发展出新特征，同时也加速了进化。因此，人类的形态（生物结构和特征）变得更加复杂，也更具适应性。

[1] 最近，科学家发现这个基因来自已经灭绝的丹尼索瓦人。

期待充满多样性的未来

人们总认为物种进化的速度非常缓慢，慢到几乎无法察觉。但进化有时也会以惊人的速度进行，农作物、家畜和家中可爱的宠物就是最好的例子。这些动物和植物经过自然或人为选择，发展成我们想要的形态和样貌，而这些改变都发生在人类进入农业社会后的短短1万年之内。发生在它们身上的改变，同样也可能发生在人类身上。

在进化过程中，所谓的“优势”与“利益”并不是绝对的。在偶然间进化出的特征，若恰巧也符合当下环境所需，便是一种具有优势且利于生存的特征。但要是同一个特征出现在完全不同的环境中，反而可能有害。所以，没有绝对好的进化，也没有绝对坏的进化。

人类与其他生物一样，无法摆脱进化的命运。即便如此，人类的存在仍旧是独一无二的，因为我们可以通过自己创造的文化与文明不断地影响自我进化。诚如上段所述，人类所拥有的各种特征并不一定会让我们更具有生存优势，但我们能利用这些特征来为自身谋取更大的利益。那么，具有此种能力的人类能为这个世界做些什么呢？也许我们可以去保护我们与其他生物共同居住的美丽地球，不是吗？

一个人所能贡献的力量或许有限，但历史经验告诉我们，若不是渺小的人类勇于迈向未知的欧亚大陆，又怎能孕育出丰富多彩的人类文化？如果不是这样，我们也不会进化出今日不同的样貌。只要凝聚每一个人的微小力量，就足以让这个世界变得更加美好。

你长智齿了吗?

如前所述，医学的进步刺激了基因的多样化发展，其中一个例子就是我们熟悉的智齿。随着饮食文化的发展，人类咀嚼的食物变得越来越精细。这不仅让人类的下颌骨变得越来越窄小，而且让牙齿的生长空间受到局限，犬齿完全长出来之后，就没有足够的空间可以冒出智齿了。无法完全冒出头，或是长出来但位置歪斜的智齿，都很容易引发蛀牙或牙周病等问题。细菌从牙龈进入毛细血管，再从血液扩散到全身，严重时甚至可能危及性命。这样看来，不长智齿对人类的生存比较有利。人类学家研究古人类化石后发现，没长智齿的人类确实有增加的趋势。

不过，在牙医发达的现代社会出现了另一种情况。如果智齿没有长好而引发了问题，可以被立即拔除，这么一来，人类不长智齿的理由也随之消失，现在长不长智齿都没关系。我认为，未来没长智齿的人应该不

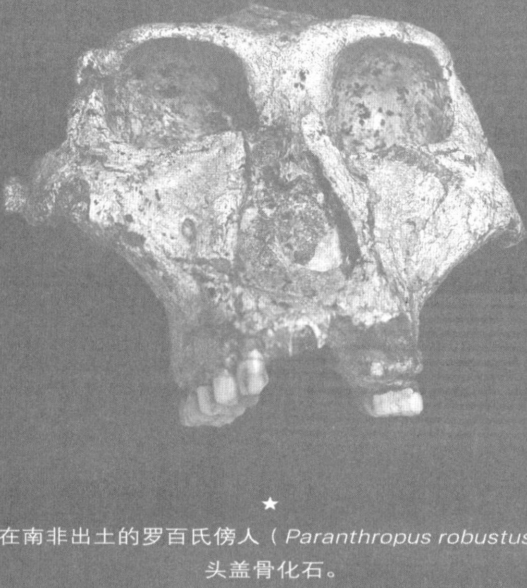

★
在南非出土的罗百氏傍人（*Paranthropus robustus*）
头盖骨化石。

会再增加，但你也可以说，以后长智齿的人一定会变得越来越多。重点是，人类依然在进化，而突变往往是不可预知的。

结语 I
为了获得珍贵的面貌，人类付出多大代价

我在社交网站上运营了一个探讨人类进化的社群，一位经常留言的读者发表了一篇文章，细看内容之后，我才发现他是邀请我参加“感恩接力赛”的那个人。那是2014年夏天在网上相当流行的一个小游戏，每个人要说出自己在生活中想要感谢的三件事，再点一位朋友接力下去。我立刻将人类进化史上值得感谢的事想了一遍，但问题来了，我竟然想不出任何值得感谢的事。为什么呢？且容我一一说明。

第一，要感谢“直立步行”。自从人类以双脚站立、大步行走后，空出来的双手不仅能灵活制作出各式各样的器具，而且能移动、搬运物品，或将孩子抱在怀中。因为褪去了一身浓密的毛，母亲光滑的皮肤让孩子难以攀附，人类必须在空出双手后，才能将孩子稳稳地抱起并到处走动。然而，也是因为直立步行，

我们一生才会饱受腰痛的折磨，一旦腰部受伤，就只能躺在床上，哪儿也去不了。此外，我们的心脏也必须时时刻刻与地心引力对抗，将血液向上输送至头顶，长此以往，对心脏造成了严重的负担。

第二，要感谢头顶上那颗大脑袋。优秀的脑袋，绝对是我们全身上下最重要的器官，其中蕴含的卓越智慧让人类骄傲地拥有“智人”这个称号。多亏如此巨大的脑袋，人类不但能消化并储存大量复杂的信息，而且能想出办法在日渐贫瘠的环境中获取充足的新型食物——动物性脂肪与蛋白质。我们有能力处理越来越复杂的社会人际关系，靠的也是这颗大脑。但是，为了长出如此大的脑袋，人类必须先通过它带来的严峻考验。妈妈必须先忍受锥心裂骨之痛，才能生下头部比产道宽得多的大头宝宝，这也让人类在分娩时冒着危及性命的巨大风险。

第三，要感谢“活得久”。现在，越来越多的人能看着自己的孙辈出生，也能依旧精力充沛地度过老年生活。在妈妈、奶奶和外婆的齐心照料下，同时养育两三个宝宝也变得比以前容易得多。三代同堂的生活越来越普遍，世代之间不仅能累积起更多重要的信息，也能将其完整地传递给下一代。然而，高龄人口持续增加，青壮年人口逐渐减少，为社会经济与文化带来超乎想象的沉重负担。

原本，我最后要感谢农耕与畜牧业的出现，但一想到这里，我的心情顿时变得沉重起来。农业出现后，人类开始大面积开垦土地，能随心所欲地生产出各种食物，间接促进了文化与文明的快速发展。但这也引发了巨大的反作用力，人类历史上前所未见的可怕现象接踵而来：生产过剩、私有制兴起、阶级社会产生，甚至引发了激烈的战争以及泯灭人性的种族屠杀。一旦遇上荒年，农作物歉收便会造成大规模的饥荒。而大量牲畜被圈养后，疾病更容易在家畜间蔓延开来。农业社会的人口激增，加上高密度的群居方式，都助长了传染病的发生与传播。这些都是人类为了文明发展而付出的惨痛代价。

如此一一细数下来，那些所谓值得感谢的事，背后都一定伴随着某种程度的损失。人类进化史上并不存在“只有感谢，没有怨恨”的事，就像一枚硬币的两面，难道我们可以只占便宜而拒绝接受所有的坏处吗？这也让我领悟到“天底下没有白吃的午餐”这句话，你所寻求的东西越珍贵，要付出的代价也就越高昂。我们现在拥有的生活，正是人类付出极大代价才换来的，我们真的应该好好珍惜。

事实上，为文明发展付出代价的不只是人类，整个生态环境都是如此。倘若我们邀请那些“消逝的生物”参加感恩接力赛，难道不会被它们断然拒绝吗？在它们的心中或许“只有怨恨，没有感谢”，而它们所埋怨的对象，正是地球上最可怕的掠食者——人类。

既然人类自诩为万物之灵，那么我由衷地希望每一个人对那些因人类的自私与欲望而饱受迫害的一切生物，都能展现出更强烈的责任感，并用更实际的行动来保护地球。

李相信

结语Ⅱ
通往陌生古人类学世界的邀请

本书是将2012年2月至2013年12月刊登在科学期刊《科学东亚》的文章重新整理补充后编纂而成的。我与李相僖教授因尼安德特人而结下的渊源，让我产生了策划这一选题的想法。一直对人类进化与古人类学十分着迷的我，决定深入探讨当时刚被发现与现代智人有血缘关系的尼安德特人，并将此专题作为《科学东亚》2011年3月刊的封面特辑。我于两年前在美国听完史凡德·帕波博士的精辟演讲后，便萌生了这个念头。

为了找到真正合适的采访对象，我下足了功夫，甚至还将主意打到了国外学者身上。就在我寻找相关论文时，我恰巧发现了一篇研究论文，它将人类进化历程归纳整理得非常详尽、易懂，而作者是一位正在美国加州大学授课的古人类学学者。虽然不确定对方是否会有回应，更不知道对方是否愿意提供协助，我还是硬着头皮发送了询问的邮件。没想到，对方竟欣然接受了我的请求，这就是我与李教授的第一次联系。

此后，我通过邮件对李教授来回进行了几次书面采访，并在首尔的农历新年放假期间，打长途电话访问了李教授，终于为特辑报道画上了圆满的句号。那时，我便打定主意，未来一定要再与李教授合作。

第二年，就在杂志改版前夕，我终于构想出古人类学系列专题的连载计划，随即联络了李教授，并将我的想法告诉她。我认为在探讨古人类学与人类进化等主题时，摒弃一般常见的编年史排序方式，应该会十分有趣。比如，最早的人类诞生于何地？他们长什么模样？后来又经过了怎样的历程，他们才进化成今日人类的样貌？我相信以深入浅出的方式来说故事，即便对象是大众，也会让他们产生强烈的共鸣。因此，我向李教授提议用日常素材作为媒介，围绕某一主题讲解人类进化史。此外，我也希望文章风格能完整呈现出李教授本人幽默风趣的人格魅力，所以希望李教授在写作时能尽量保留轻松、活泼的口吻。为了在连载初期一举抓住读者的目光，我也精心安排了刊登主题的优先顺序。

收到第1章的草稿时，那种反复细看、逐字品味的激动心情，我至今仍记得一清二楚。但令我彻夜苦思的是，该如何将这些字字珠玑又浅显易懂的文章用更好的方式呈现在读者面前。身为该选题的策划者与执行主编，我在校对文章时，甚至比校对我自己的文章还要尽心尽力。在接下来的两年里，我与李教授两人密切合作，每次的沟通交流都会激发出彼此更多的灵感。

第一篇文章刊登出来后，在尚未获悉读者反馈前，另一个机会又主动找上门来。通过《东亚日报》一位记者前辈的引荐，这篇文章竟有幸登上周末版的特别专栏，所以我将文章重新改编成适合报纸阅读的形式寄送过去，没想到读者们反响热烈。对方随即提出杂志与报纸双连载的想法，我们就这样合作了长达一年之久。承蒙他们的照顾，这些作品才能有绝佳的机会让杂志以外的大众读者看到。

李教授的心血之作现在改以图书的形态问世后，

有更多的机会可以接触不同层面的读者。希望这些蕴含李教授丰富灵感的文章，能赋予更多读者不同的启发。

尹信荣

附录 I
关于进化的二三事

在现代社会中,“进化”的概念无所不在,尤其常见于各种广告,比如“人”的进化,“电冰箱”的进化,甚至连“洗发水”也会进化。但在这些语境中,“进化”代表的是“其中的某个部分变得更好、更卓越”。例如,“一瓶‘进化’的洗发水!”这句广告标语就很明显地给人一种感觉,让你觉得该产品成分已变得更加优质。不过话又说回来,“进化”二字原本就是由“进步”的“进”与“变化”的“化”组成的,本身带有“进一步变得更好”的意思。但在庞大且兼容并蓄的现代生物学领域中,作为中心思想的进化论并未带有任何价值观或是某种特定的方向性,也没有比过去更进步或更优越等意味。所以学术界更倾向于使用“进化”一词来阐述在某段漫长时间里[1]发生的

---

[1] 到底要经过多少时间才能被视为一种进化?针对这个问题,每个物种的情况都不太一样,这主要是因为每个物种的时间长短概念皆有所差异。例如,以现代人类的角度来看,20年尚无法称得上是一代,但对于以10天为一代的果蝇而言,20年相当于经过了730代。反过来说,20年之于果蝇,套用在以平均25年为一代的人类身上,相当于超过1.8万年。

基因频率变化。换言之，“进化”一词仅代表生物个体在特征形态上有所变化，并没有“进一步变得更好”的意思。

那么，进化到底是个什么样的概念？让我们来分析一下。

惊人又不惊人的进化论

从某种角度来看，进化论的内容似乎十分合理，但从另一种角度来看，又会让人觉得非常具有冲击性。无论是何种科学上的新发现，“发现”本身其实都不会对我们的生活造成太大改变。来看看“地心说”与“日心说”的例子。无论你认为是地球绕着太阳旋转，还是太阳绕着地球旋转，对于人们每天的日常生活似乎都没什么差别，太阳还是每天东升西落。但实际上，差别非常大！为什么呢？因为在那个“日心说”无法摆上台面的时代，它是一种反动的观点。可别误会了，我不是在发表政治性的言论。中世纪欧洲的主流观点是地球是宇宙的中心，是静止不动的，所谓的“理想”也不会移动，因为它已找到自己最完美的位置，而那些会移动的，都是尚未找到最适合位置的事物。或许，这种观点多少受到了当时定居的生活形态影响。既然人类是世上最完美的动物，那么人类所居住的地球不也该是最完美的吗？因此，主张“地心说”的学者认为，地球当然是静止不动的，所有的天体，包括星星、月亮、太阳，都是绕着地球旋转的。他们也认为，提出异议的“日心说”是一种非常可怕的观点。因为“日心说”并不只是主张地球本身会移动，还否认了人类是“世界的中心”，而人类居住的完美地球根本不完美，也不再是整个宇宙的中心。

我们再来看看进化论的案例。进化论的背后其实蕴含着“日心说”的概念，人类居住的地球并不是宇宙的中心，而世界的中心也不是所谓的人类，这两种看法其实非常类似。反对地球为宇宙中心的伽利略后来被迫接受宗教审判；同样地，对认为人类不完美的达尔文而言，伴随进化论而来的无数争论与批判，又何尝不是另一种形式的宗教审判？直到后来，达尔文的进化论才真正动摇了欧洲的世界观。或许就是因为这样，达尔文在写下《物种起源》的原稿后，犹豫了23年才出版。

达尔文主张“人类会像所有动物一样适应环境”，

这种挑战“人类是万物中心”的想法，意味着人类也是自然界的一部分。如果接受这个想法，人类就等于承认了所有生物都会随着时间而改变，包括上帝创造的人类，都是不完美的。从某个角度来看，这与东方哲学的基本思想并不相悖，或许这也是进化论在东方社会并未遭受太大反对的原因。

关于进化论的基本常识

第一，基因突变带来的多样性是进化的基本素材。若出现全新的、与现有基因不同的生物特征，则会产生不一样的个体。举个简单的例子，在圆耳朵的生物群体中发生了某种突变，出现了长着尖耳朵的个体，这让原本仅有单一圆耳的群体，变成了圆耳与尖耳并存的情况。

第二，特征的多样性与繁衍概率息息相关。我们仍以上面的例子来说明，如果长有圆耳或尖耳的个体繁衍出后代的概率相同，进化就不会发生。然而，若长有尖耳的个体繁衍后代的概率比圆耳更高，则时间一久，群体中尖耳的比例就会增加，这意味着造成尖耳的基因突变次数也会增加。这里要强调的并非绝对值，而是彼此间的相对比例（造成某种特征的某种基因的“市场占有率”）。从本质来看，进化是一种“比较”的概念。

那么，是什么原因造成繁衍后代的概率不同？正是个体环境适应力的强弱。个体在成年之前的存活率越高，其繁衍出后代的概率也就越高。这个法则被称为“自然选择”，也是最广为人知的一种进化机制。

还有一种特殊情况，若某项特征对于个体存活率毫无影响甚至是有害的，但只要能得到异性个体的青睐与偏好并成功交配，繁衍出后代的概率也会变高。这个法则叫作“性选择”。孔雀就是性选择的典型代表，雄孔雀华丽的装饰性羽毛对于生存毫无助益，甚至会让它更容易成为掠食者的目标。既长又笨重的尾羽在逃跑时不仅碍手碍脚，而且斑斓的色彩很容易被虎视眈眈的天敌发现。照这样看来，带有这种醒目特征的个体应该无法繁衍出太多后代，而这样美丽的尾巴应该很快就会消失。但事实相反，所有雄孔雀都长有华丽的尾羽。为了解释这种矛盾的情况，达尔文认为，这是因为雌孔雀会选择与具有华丽尾羽的雄孔雀交配。也许是因为美丽的尾屏反映了雄性个体的品质，或只是因为“雌性那令人难以捉摸的心”，总之，漂亮的尾羽虽不利于生存，却有利于吸引异性交配。相较之下，交配的需求大于逃生的需求，雄性孔雀的漂亮羽毛就这样被保留下来了。

达尔文提出的性选择同样受到自然选择的影响，无论是两性的吸引力或是对自然环境的适应力，选择的前提都是为了繁衍出更多后代。基因的多样性可以提供更多的“选项”，而具有生存优势的特征会通过“选择”被保留下来。达尔文将这两种机制整合成了一套系统的进化理论。在遗传法则与遗传基因等知识尚未出现的年代，达尔文仅凭他观察到的生物特征便建立起如此伟大的理论，实在是非常了不起。

进化论的蜕变

集达尔文进化理论之大成的《物种起源》，在出版100多年后，其选择机制在20世纪60年代受到了挑战。有科学家指出：“所谓特征多样性的根源——基因突变，绝大部分都与自然选择无关。”这个说法显然与达尔文的理论相矛盾。科学家认为，生物个体发生的突变若是有益的，很快就会扩散至整个群体，所谓的多样性也就不复存在，而有害的突变在不久后便会消失，所以也无法增加特征的多样性。虽然不具备益处或害处的中性突变会被持续保留下来，但在时间的推移下，它有可能扩散或消失于整个群体之中，因此，若从多样性的角度来看，则这种中性突变等同于不存在。换句话说，在物种进化或选择机制上极具意义的多样性（基因突变），我们并不会察觉，而那些可察觉出的多样性，到头来仍属于一种中性突变。

由这些概念发展出的“中性理论”，主张物种进化并不受自然选择的影响，而是根据时间、群体大小等因素随机产生的一种变化（参见第18章）。虽然中性理论的出现确实为群体遗传学带来了新的发展，但也让学术界冷落了选择机制。不过，进入21世纪后，科学的研究绕了一圈又回来了，达尔文的进化论与选择机制再次成为众人讨论的焦点。

最近蓬勃发展的表观遗传学似乎预示着达尔文的进化论即将进入新的篇章，或许生前饱受嘲笑与奚落的让-巴蒂斯特·拉马克（Jean-Baptiste Lamarck）也会因此展露出笑容。主张“获得性遗传”的拉马克认为，长颈鹿的脖子之所以会那么长，是因为为了吃到高处的叶子而不断伸长脖子，这种通过努力练习得到的长脖子特征可以遗传给下一代。这个主张与自然选择论相反，达尔文认为偶然发生的基因突变导致了群体中原本就存在着长、短脖子的长颈鹿，只是刚好在环境的迎合下，长脖子的长颈鹿繁衍出更多后代。在人的一生中，外形多少会经历一些变化，但即便努力运动锻炼出一身肌肉，或是通过整形手术打造出完美下巴，这些特征也不会直接遗传给下一代。因此，拉马克的获得性遗传法则一直都被认为是错误的。但近年来表观遗传学的研究发现，部分后天发生的性状改变，确实有可能会遗传给下一代。

关于进化的几个误解

“没有变得更好，也算是进化吗？”

进化受到选择机制的影响，让具有某一特征的个体数量增加，进而繁衍出更多后代。但是因选择机制而被保留下来的特征，不一定具有“绝对优越性”。若是受自然选择的影响，则只能说明该特征恰巧符合当时的环境条件，一旦环境改变，原先有益的特征也可能变得危及生存，导致物种无法繁衍出后代而全部灭绝。性选择的情况更复杂，那种对异性迷恋、虚幻无常的情愫，又该如何具体解释清楚呢？况且，曾经一度受到青睐的特征，也难保会永远受到青睐。由此看来，进化并不保证带来更“好”的转变。

“缺失的环节去哪儿了？”

缺失的环节（missing link）在考古学上指的是“过渡期的化石”，同时也是反进化论者时常挂在嘴边的一种质疑：“将化石排成一列时，我们会发现其中欠缺许多尚未找到的过渡形态。如果进化论是正确的，我们就应该能找出填补这些过渡时期的化石。”此概念自进化论发展初期便引发热议。批评者认为这些化石记录并未呈现出渐进式的进化过程，某一个物种的化石与另一个物种之间完全不连贯，中间缺少将两个物种串联起来的进化证据。然而从“间断平衡论”（punctuated equilibrium）的观点来看：“生物进化并不一直是长期而缓慢的渐进过程，在物种形成时会突然进入快速演变的阶段，之后又会经历一段无太大变化的时期，周而复始。”随着各种遗传研究的新方法问世，如今认为必须发现“缺失环节”的人也越来越少。

“如果人类是由猴子进化而来的，那么现在也应该存在着正在进化成人类的猴子，不是吗？”

首先，人类并不是由猴子进化而来的，而是由类人猿进化而来的。此外，有人会产生这种疑问，主要是基于“世上所有生物进化的最终目的，都是像人类一样登上生物链顶端”的想法。根据这种想法，所有动物都可以依照它与“顶端”之间的距离，排列出“高等动物”与“低等动物”，而所有低等动物都想进化成高等动物，高等动物则想进化成如人类般的智慧生物。正因如此，才会有人觉得现在在世界上的某处，应该有猴子正在努力进化成人类。猴子同样经历了独立的进化过程，才变成今天这副模样。说句玩笑话，它们到底有什么好遗憾的，非要努力变成一个人？把世上的生物排列成一条直线，在末端放上人类以代表智慧的顶点，然后将其他生物与人类之间的差异程度按顺序排列，这种荒谬的想法早就从现代生物学中删除了。要知道，即便是寄生虫这种“低等动物”，也是经过了适应与进化，堂堂正正地以现在的样貌努力存活着。

“黑猩猩是猴子吗？”

好的！我们现在来把猴类与猿类分清楚。一说到“猴子”，许多人脑海中浮现的是黑猩猩的样貌，但黑猩猩其实是类人猿，并不是猴子。

类人猿与猴类最明显的差异在于有无尾巴，有尾巴的是猴子，没有尾巴的则是类人猿。知道这个差异后，你就再也不会混淆了吧！但最后才被科学家测序基因组的长臂猿，其名称一开始就被翻译成“长臂猴”，如今这个令人错乱的称号已成为大众惯用的词语，一时半会儿似乎也难以纠正过来，真令人遗憾啊！

附录Ⅱ
人类的进化谱系

人类的祖先究竟起源于何时何地？在回答这个问题之前，我们必须先搞清楚与人类最接近的物种黑猩猩最早是在何时何地与现代智人分化为不同系统的。分子生物学的研究显示，现代智人与黑猩猩的祖先在800万至500万年前于非洲分家，但确切的分化时间点与生物学背景不得而知，因为目前几乎找不到那一时期的化石资料。虽然在过去的十几年间，不少“自称是”人类祖先的化石陆续出土，如图根原人、乍得沙赫人、卡达巴地猿（*Ardipithecus kadabba*），甚至是始祖地猿等，但它们是人类真正的祖先，还是人类与黑猩猩分化前的共同祖先，至今尚不能确定。

另外，目前在非洲发现的距今约400万年的南方古猿属化石，已确定是人类与黑猩猩分化后才出现的早期人类，包括东非出土的湖畔南方古猿、阿法南方古猿、鲍氏傍人、埃塞俄比亚傍人（*Australopithecus/Paranthropus aethiopicus*），以及南非出土的非洲南方古猿与罗百氏傍人等。此外，同属南方古猿的还有惊奇南方古猿、羚羊河南方古猿（*Australopithecus bahrelghazali*）、南方古猿源泉种[1]与肯尼亚平脸人（*Kenyanthropus platyops*）。它们都是在20世纪90年代以后被发现的，但因为这些化石样本的数量过少，日后在生物学上是否能被正式承认为一个有效的“物种”分类，尚有待观察。

以湖畔南方古猿与阿法南方古猿为代表的早期人类，除了直立步行的特征，还在脑容量、头盖骨和牙齿形状等方面与黑猩猩、大猩猩等类人猿十分相似。更特别的是，早期人类与现代智人不同，他们直立步行的范围甚至可能包括在树林间攀爬移动。

继阿法南方古猿之后，那些生活在东非与南非的人类祖先为了在日渐寒冷干燥的环境中生存下去，分别发展出多种不同的适应模式。上新世末期的南方古猿属成员以食草为主，但植物的营养价值不高，所以它们不仅

---

[1] 科学家持续挖掘出大量的南方古猿源泉种化石，使其有望被正式归为单一的古人类物种。研究团队一改过去的作风，不再将出土的化石样本隐秘地分享给少数特定单位，而是从一开始就公开分享所有资料，并广邀各领域的年轻学者加入研究行列，这也让南方古猿源泉种成为目前学术界的热门话题。

要多吃，而且要尽可能摄入植物的多种不同部位。这种饮食习惯造成它们的咀嚼功能格外发达。举例来说，埃塞俄比亚傍人的臼齿大小与现代大猩猩十分相似，但傍人的体形应该不到大猩猩的四分之一；反过来看，虽然埃塞俄比亚傍人的进食量与大猩猩相同，但只能勉强维持这么小的体形，可见植物性食物的营养价值真的非常低。

诞生于上新世末期至更新世初期的人属物种偏好营养价值较高的动物性食物，最显著的特征就是脑容量因此变大。他们取得动物性食物的方式有两种：一种是食用其他猛兽吃剩的动物尸体，另一种则是直接捕捉活的动物。专门搜集动物尸体的能人与卢多尔夫人会使用石器挖出骨头中的骨髓食用。

另一个与现代智人更为接近的人属成员直立人（也称为匠人）则是以打猎为主的。他们制作出更精良的狩猎工具，得以摄取更多的高蛋白质与高脂肪食物，他们的脑容量与体形因此获得相应增长。另外，为了在白天外出打猎，避免与其他猛兽竞争，他们进化出一种新的适应方式：通过流汗调节体温。于是，他们褪去了一身浓密的毛以利于排汗，而非洲大白天的炙热阳光又让他们不得不依靠皮肤中的黑色素来抵御紫外线。总体看来，人类祖先的脑袋变大，身体变健壮，全身浓密的体毛变成光滑的皮肤，皮肤则变得越来越黑。当然，他们也是用两只脚来走路，这些特征几乎与现代智人无异。

人属物种是先离开非洲又在其他地区繁衍的人类，因此在欧洲与亚洲各地才会发现许多化石。为什么他们要从非洲迁徙至世界各地呢？有学者对此做出解释：人属物种最早诞生于距今200万至180万年的非洲，但这些进化出大脑袋与壮硕体形，并且过着狩猎生活的人属物种在距今80万至70万年，为了追逐因气候变化而离开非洲的猎物才开始逐渐迁徙至欧洲与亚洲各地。此假说在数年前仍受到各界的广泛认同，但最近公布的研究资料又引发了人们的质疑。

东欧最古老的人属化石——出土于格鲁吉亚德马尼西遗址的格鲁及亚人（*Homo georgicus*）与亚洲最古老的人属化石——出土于印度尼西亚爪哇岛的爪哇人（直立人的亚种）的生存年代相继被往前推移至180万年前，与非洲人属物种生存在相同时期。有学者开始主张，除了非洲，亚洲与欧洲也是人属物种的起源地。我们一般认为，大脑袋与壮硕体形是人类成功迁徙至世界各地的关键优势，但格鲁及亚人的脑容量与体形都不是很大，这个事实直接挑战了上述假设。然而到目前为止，学术界仍未出现其他更有说服力的理论来取而代之。

那么，祖先们从非洲迁往欧亚大陆的主要原因是什么？这种向全世界扩散的人口迁移，并非民族或国家驱使的有目的性的移动，反而有可能是因为人口增加的压力而自然出现的行为。如果真的是这样，驱使人们向外迁徙的主因，有可能是出生率提高或是死亡率降低。在现代社会中，人口膨胀的问题令人担忧，但在人类尚未进入定居状态的时代，要想提高出生率可不是一件容易的事。以狩猎与采集为主的生活要求人类经常移动，但家里多增加一个孩子，就会造成行动上的不便。因此，当时的人类产下一个孩子后，会等他可以独立跟随群体迁移时，才会再生第二个孩子。

现在的儿童要长到六七岁，才有能力独立长途移动。在非洲过着狩猎与采集生活的布希曼人，孩子之间的年龄差距大约是五岁，如果他们将生孩子的间隔时间缩短，妈妈肯定就要同时将两个尚未学会走路的孩子抱在怀里或背在身上，另一只手还得提着行李家当，别说是长途跋涉，就连正常活动都会觉得束手束脚。如果人类向外迁徙的主因是出生率提高，就意味着当时人类生孩子的间隔时间可能已经缩短，也说明当时已出现了某种“社会支持”，足以协助妈妈同时养育两个以上的孩子。因此有学者认为，那些所谓的社会支持，其实就是爸爸（洛夫乔伊假说）与祖母（祖母假说），而这些主张所引发的激烈争论至今仍未平息。

人属物种扩散至欧亚大陆后，到了更新世中期，具有地区特征的人类祖先群体开始陆续出现。虽然这些群体大都已被冠上“物种”的称号，但他们是否符合生物学上物种的定义，学者们对此各持不同立场。目前被承认为单一物种的有欧洲出土的海德堡人（*Homo heidelbergensis*）、尼安德特人，非洲出土的直立人、非洲海德堡人（被认为是由欧洲迁回非洲的分支），以及亚洲出土的直立人。此外，也有不少年代同样是在更新世中期的化石被归为人属物种，然而其分类基础仅仅建立在一两处遗迹发现的一两个化石样本上，例如，西布兰诺人（*Homo cepranensis*，在意大利西布兰诺出土的一颗头颅骨）、前人（*Homo antecessor*，又叫作先驱人，出土于西班牙的阿塔普埃卡遗址）、佛罗勒斯人（出土于印度尼西亚的佛罗勒斯遗址）、罗德西亚人

（*Homo rhodesiensis*，出土于赞比亚的卡布韦遗址）等，还包括生存于更新世初期的格鲁及亚人，以及最近才在西伯利亚的丹尼索瓦洞穴出土的丹尼索瓦人。

然而，这些“人”真的都符合生物学上的“物种”定义吗？事实上，古人类学界一直都有将各地区出土的化石定义为新物种的倾向，但令人怀疑的是，那些率先被冠上种名的化石资料，是否确实符合生物分类法则？特别是某些只有在某个特定遗址出土的物种，日后被归入相同时期但分布更广的其他物种下面，可能也只是时间问题。古人类学史上最著名的案例，当数中国周口店出土的“北京人”，起初他被认为是独一无二的新物种，并且被命名为“北京猿人”，但之后又与印度尼西亚爪哇岛出土的“爪哇人”一起被归入了“直立猿人”，最后随着猿人属（*Pithecanthropus*）被统归为人属后，其物种学名皆被更改为直立人，类似的例子不胜枚举。

这些人属物种与现代智人又有何关联呢？这个问题的答案取决于你如何看待现代智人的起源。主张“非洲起源论”（人类单地起源说）的学者认为，从人类的整个进化史来看，现代智人可以说是在近代，也就是距今20万年才诞生于非洲的新物种。按照此观点来说，现代智人从非洲向欧亚大陆迁徙后，并未与当地的人类互相交融（因为彼此属于不同物种），反而是凭借其文化与语言的优势，打赢了这场生存之战，完全取代了其他地区的古代人类。科学家在埃塞俄比亚的小村落赫托发现了迄今最“古老”的现代智人化石，将其命名为“长者智人”（*Homo sapiens idaltu*），并划分为智人底下的一个新亚种。长者智人的出现为此观点提供了强有力的证据，有学者便因此主张，正是此物种先散布到非洲各地，才逐渐向外迁徙至全世界，这意味着现代智人与各地既有的古代人类物种并无任何关联。

另外，主张“人类多地起源说”的学者认为，现代智人并非诞生于单一地区的“新物种”，也不认为现代智人是由单一群体所进化而来的，而是在这漫长的200万年间，世界各地不同的人类群体在不同的时间点，通过持续的文化交流与基因转移，才逐渐进化出一个单一的人类物种。因此，过去那些已经灭绝或是经过进化的群体，全都是现代智人底下的一种分类单位。

生物学对于物种的定义建立在基因共享的基础上，如果两个个体可以繁衍出后代并持续将基因传递下去（后代也必须有生殖能力），这两个个体就属于同一物种。各群体间若能持续进行基因转移，则它们可被视为同一物种。为此我们可以得出一个结论，现代智人诞生的时间点应该往前追溯200万年。由此可见，现代人身上的各种特征也是从世界各地“汇集”而来的。如果某项特征在哪里都有很好的适应性，它就会逐渐扩及世界各地；相反，若该特征仅能适应部分地区，其普及范围便会局限在那里。前者的例子包括人类脑容量增加，以及大部分人的脸部线条比早期人类柔和得多。后者以铲形门齿为例子，这种形状的牙齿在中国出土的早期人类化石上极为常见，甚至现代亚洲人长有铲形门齿的比例也非常高。欧洲的尼安德特人与现代智人之间的相似性也是一个很好的例证。

过去出土的古人类化石都强有力地支持着人类多地起源说。相反，科学家在20世纪90年代通过研究遗传基因，揭示了现代智人出现于近代以及起源地在非洲等多项事实，非洲起源论才逐渐获得各界的支持。分子生物学的兴起让非洲起源论开始受到基因学家的青睐。科学家直接从尼安德特人的化石中提取出DNA进行分析，发现其基因序列与现代智人迥然不同，便有学者大力主张现代智人与尼安德特人毫无血缘关系，尼安德特人并非现代智人的祖先。到了21世纪，科学家通过群体遗传学及2010年完成的尼安德特人基因组测序等研究，才终于证实了现代人类体内皆带有尼安德特人基因的观点。如今，大多数学者都不否定非洲起源论有调整与修正的必要。

另外，主张现代智人是一个拥有200万年历史的古老物种，是人类多地起源说目前遇到的最大问题。原因在于，如果所有古人类群体都在不同时间与空间中持续进行基因交流，从生物学的定义来看，这些互有基因交流的群体就等于是同一个物种，这意味着在非洲出现直立人之后，所有古人类群体都是同一个物种。换言之，直立人与现代智人也属于同一个物种。按照物种命名的原则，直立人就必须被归入现代智人。那么这个使用100多年的名称——直立人，就不再是一个正式的物种学名，而是一种分类上的群体名称。如此一来，除了能人以外，其他所有人属物种都该被纳入现代智人的范畴。以上所述虽然合乎逻辑，但我们无法忽视习惯的力量，而这也是人类多地起源说至今仍无法受到普遍认同的主因。

事实上，人类多地起源说的主要提倡者——密歇根

★

南方古猿源泉种的青少年头骨化石。

大学的米尔福德·沃尔波夫教授曾在1994年的一篇学术论文中提出撤销直立人物种学名的主张，在之后所写的全部论文里，他都以现代智人来指称所有的人属物种。这种做法确实在研究上造成了混淆与困扰。顺带一提，1999年也曾经有学者主张能人与卢多尔夫人应该被归入南方古猿属，如果是这样的话，人属底下就只剩下现代智人这一个物种了。

迈入21世纪后，日新月异的科技为古人类学研究开启了新篇章。丹尼索瓦人就是个例子，即使没有完整的化石证据，现在的科学家也能借由DNA证实人类祖先的存在。随着古代DNA萃取技术的进步与成本大幅降低，遗传学的证据或许将成为与化石同等重要甚至更重要的参考依据。世界各地仍不断有新形态的古人类化石被挖掘出来，在资料搜集与分析技术高度发达的今天，随着相关研究成果的不断累积，像“人类究竟从何而来，又是如何演变成今日样貌？”这些问题的答案，也离我们越来越近了吧。

参考文献

序言　一同启程吧

1. Bryson, Bill. The Lost Continent: Travels in Small-Town America. Secker, 1989.
2. Steinbeck, John. Travels with Charley: In Search of America. Viking, 1962.

01　人类是食人族吗？

1. Arens, William. The Man-Eating Myth: Anthropology and Anthropophagy. Oxford University Press, 1979.
2. White, Tim D. Prehistoric Cannibalism: At Mancos 5MTUMR-2346. Princeton University Press, 1992.
3. Defleur, Alban, Tim White, Patricia Valensi, Ludovic Slimak, and.velyne Cr.gut-Bonnoure. "Neanderthal Cannibalism at Moula-Guercy, Ard.che, France." Science 286, no. 5437 (1999): 128-131.
4. Gajdusek, D. Carleton. "Unconventional Viruses and the Origin and Disappearance of Kuru." Science 197, no. 4307 (1977): 943-960.
5. Marlar, Richard A., Banks L. Leonard, Brian R. Billman, Patricia M. Lambert, and Jennifer E. Marlar. "Biochemical Evidence of Cannibalism at a Prehistoric Puebloan Site in Southwestern Colorado." Nature 407, no. 6800 (2000): 74-78.
6. Rougier, H.l.ne, Isabelle Crevecoeur, C.dric Beauval, Cosimo Posth, Damien Flas, Christoph Wissing, Anja Furtw.ngler, et al. "Neandertal Cannibalism and Neandertal Bones Used as Tools in Northern Europe." Scientific Reports 6 (2016): 29005.
7. Russell, Mary D. "Mortuary Practices at the Krapina Neandertal Site." American Journal of Physical Anthropology 72, no. 3 (1987): 381-397.
8. White, Tim D. "Once Were Cannibals." Scientific American 265, no. 2 (2001): 58-65.

02　只管“生孩子”的爸爸

1. Gray, Peter B., and Kermyt G. Anderson. Fatherhood: Evolution and Human Paternal Behavior. Harvard University Press, 2012.
2. Hager, Lori D., ed. Women in Human Evolution. Routledge, 1997.
3. Hrdy, Sarah Blaffer. The Woman That Never Evolved. Harvard University Press, 1999.
4. Lee, R. B., and I. DeVore, eds. Man the Hunter. Aldine, 1968.
5. Bribiescas, Richard G. "Reproductive Ecology and Life History of the Human Male." Yearbook of Physical Anthropology 44 (2001): 148-176.
6. Gray, Peter B. "Evolution and Human Sexuality." American Journal of Physical Anthropology 152, no. S57 (2013): 94-118.
7. Lovejoy, C. Owen. "The Origin of Man." Science 211, no. 4480 (1981): 341-350.

03　谁是最早出现的人类？

1. Tattersall, Ian. Masters of the Planet: The Search for Our Human Origins. St. Martin' s Griffin, 2013.
2. Asfaw, Berhane, Tim D. White, C. Owen Lovejoy, Bruce Latimer, Scott Simpson, and Gen Suwa. "Australopithecus garhi: A New Species of Early Hominid from Ethiopia." Science 284, no. 5414 (1999): 629-635.
3. Brunet, Michel, Franck Guy, David R. Pilbeam, Hassane Ta.sso Mackaye, Andossa Likius, Djimdoumalbaye Ahounta, Alain Beauvilain, et al. "A New Hominid from the Upper Miocene of Chad, Central Africa." Nature 418, no. 6894 (2002): 145-151.
4. Dart, Raymond A. "Australopithecus africanus: The Man-Ape of South Africa." Nature 115, no. 2884 (1925): 195-199.
5. Gibbons, Ann. "In Search of the First Hominids." Science 295 , no. 5558(2002): 1214-1219.
6. Johanson, Donald C., and Tim D. White. "A Systematic Assessment of Early African Hominids." Science 203, no. 4378 (1979): 321-330.
7. Leakey, Meave G., Craig S. Feibel, Ian

McDougall, Carol Ward, and Alan Walker. "New Specimens and Confirmation of an Early Age for Australopithecus anamensis." Nature 393, no. 6680 (1998): 62-66.
8. Leakey, Meave G., and Alan C. Walker. "Early Hominid Fossils from Africa." Scientific American 276, no. 6 (1997): 74-79.
9. Sarich, Vincent M., and Allan C. Wilson. "Immunological Time Scale for Hominid Evolution." Science 158, no. 3805 (1967): 1200-1203.
10. Senut, Brigitte, Martin H. L. Pickford, Dominique Gommery, P. Mein, K. Cheboi, and Yves Coppens. "First Hominid from the Miocene (Lukeino Formation, Kenya)." Comptes Rendus de l' Académie des Sciences Paris 332, no. 2 (2001): 137-144.
11. White, Tim D., Berhane Asfaw, Yonas Beyene, Yohannes Haile-Selassie, C. Owen Lovejoy, Gen Suwa, and Giday WoldeGabriel. "Ardipithecus ramidus and the Paleobiology of Early Hominids." Science 326, no. 5949 (2009): 64, 75-86.
12. Wong, Kate. "An Ancestor to Call Our Own." Scientific American 288, no. 1 (2003): 54-63.

04 大头宝宝与烦恼的妈妈
1. Trevathan, Wenda R. Human Birth: An Evolutionary Perspective. Aldine, 1987.
2. Gibbons, Ann. "The Birth of Childhood." Science 322, no. 5904 (2008): 1040-1043.
3. Ponce de Le.n, Marcia S., Lubov Golovanova, Vladimir Doronichev, Galina Romanova, Takeru Akazawa, Osamu Kondo, Hajime Ishida, and Christoph P. E. Zollikofer. "Neanderthal Brain Size at Birth Provides Insights into the Evolution of Human Life History." Proceedings of the National Academy of Sciences of the USA 105, no. 37 (2008): 13764-13768.
4. Rosenberg, Karen R., and Wenda R. Trevathan. "Bipedalism and Human Birth: The Obstetrical Dilemma Revisited." Evolutionary Anthropology 4, no. 5 (1996): 161-68.
5. Rosenberg, Karen R., and Wenda R. Trevathan. "The Evolution of Human Birth." Scientific American 285, no. 5 (2001): 76-81.
6. Simpson, Scott W., Jay Quade, Naomi E. Levin, Robert Butler, Guillaume Dupont-Nivet, Melanie Everett, and Sileshi Semaw. "A Female Homo erectus Pelvis from Gona, Ethiopia." Science 322, no. 5904 (2008): 1089-1092.

05 人类为什么爱吃肉?
1. Lee, R. B., and I. DeVore, eds. Man the Hunter. Aldine, 1968.
2. Stanford, Craig B. The Hunting Apes: Meat Eating and the Origins of Human Behavior. Princeton University Press, 1999.
3. Finch, Caleb E., and Craig B. Stanford. "Meat-Adaptive Genes and the Evolution of Slower Aging in Humans." Quarterly Review of Biology 79, no. 1 (2004): 2-50.
4. Speth, John D. "Thoughts about Hunting: Some Things We Know and Some Things We Don' t Know." Quaternary International 297 (2013): 176-185.
5. Walker, Alan, M. R. Zimmerman, and R. E. F. Leakey. "A Possible Case of Hypervitaminosis A in Homo erectus." Nature 296, no. 5854 (1982): 248-250.

06 人类可以喝牛奶吗?
1. Wiley, Andrea S. Re-imagining Milk: Cultural and Biological Perspectives. Routledge, 2010.
2. Beja-Pereira, Albano, Gordon Luikart, Phillip R. England, Daniel G. Bradley, Oliver C. Jann, Giorgio Bertorelle, Andrew T. Chamberlain, et al. "Gene-Culture Coevolution between Cattle Milk Protein Genes and Human Lactase Genes." Nature Genetics 35, no. 4 (2003): 311-313.
3. Burger, J., M. Kirchner, B. Bramanti, W. Haak, and M. G. Thomas. "Absence of the Lactase-Persistence-Associated Allele in Early Neolithic Europeans." Proceedings of the National Academy of Sciences of the

USA 104, no. 10 (2007): 3736-3741.

4. Enattah, Nabil Sabri, Tine G. K. Jensen, Mette Nielsen, Rikke Lewinski, Mikko Kuokkanen, Heli Rasinpera, Hatem El-Shanti, et al. "Independent Introduction of Two Lactase-Persistence Alleles into Human Populations Reflects Different History of Adaptation to Milk Culture." American Journal of Human Genetics 82, no. 1 (2008): 57-72.

5. Tishkoff, Sarah A., Floyd A. Reed, Alessia Ranciaro, Benjamin F. Voight, Courtney C. Babbitt, Jesse S. Silverman, Kweli Powell, et al. "Convergent Adaptation of Human Lactase Persistence in Africa and Europe." Nature Genetics 39, no. 1 (2007): 31-40.

6. Wiley, Andrea S. " 'Drink Milk for Fitness' : The Cultural Politics of Human Biological Variation and Milk Consumption in the United States." American Anthropologist 106, no. 3 (2004): 506-517.

07 寻找白雪公主的基因

1. Jablonski, Nina G. Skin: A Natural History. University of California Press, 2006.

2. Jablonski, Nina G., and George Chaplin. "Skin Deep." Scientific American 287, no. 4 (2002): 74-81.

3. Mathieson, Iain, Iosif Lazaridis, Nadin Rohland, Swapan Mallick, Nick Patterson, Songül Alpaslan Roodenberg, Eadaoin Harney, et al. "Genome-wide Patterns of Selection in 230 Ancient Eurasians." Nature 528, no. 7583 (2015): 499-503.

4. Myles, Sean, Mehmet Somel, Kun Tang, Janet Kelso, and Mark Stoneking. "Identifying Genes Underlying Skin Pigmentation Differences among Human Populations." Human Genetics 120, no. 5 (2006): 613-621.

5. Rana, Brinda K., David Hewett-Emmett, Li Jin, Benny H.-J. Chang, Naymkhishing Sambuughin, Marie Lin, Scott Watkins, et al. "High Polymorphism at the Human Melanocortin I Receptor Locus." Genetics 151, no. 4 (1999): 1547-1557.

6. Wilde, Sandra, Adrian Timpson, Karola Kirsanow, Elke Kaiser, Manfred Kayser, Martina Unterl.nder, Nina Hollfelder, et al. "Direct Evidence for Positive Selection of Skin, Hair, and Eye Pigmentation in Europeans during the Last 5,000 y." Proceedings of the National Academy of Sciences of the USA 111, no. 13 (2014): 4832-4837.

08 祖母是大艺术家

1. Hawkes, Kristen, and Richard R. Paine, eds. The Evolution of Human Life History. School of American Research Press, 2006.

2. Caspari, Rachel. "The Evolution of Grandparents." Scientific American 305, no. 2 (2011): 44-49.

3. Caspari, Rachel E., and Sang-Hee Lee. "Is Human Longevity a Consequence of Cultural Change or Modern Biology?" American Journal of Physical Anthropology 129, no. 4 (2006): 512-517.

4. Caspari, Rachel E., and Sang-Hee Lee. "Older Age Becomes Common Late in Human Evolution." Proceedings of the National Academy of Sciences of the USA 101, no. 30 (2004): 10895-10900.

5. Hawkes, Kristen. "Grandmothers and the Evolution of Human Longevity." American Journal of Human Biology 15, no. 3 (2003): 380-400.

6. Hawkes, Kristen, James F. O' Connell, Nicholas G. Blurton Jones, Helen Perich Alvarez, and Eric L. Charnov. "Grandmothering, Menopause, and the Evolution of Human Life Histories." Proceedings of the National Academy of Sciences of the USA 95, no. 3(1998): 1336-1339.

7. Kaplan, Hillard S., and Arthur J. Robson. "The Emergence of Humans: The Coevolution of Intelligence and Longevity with Intergenerational Transfers." Proceedings of the National Academy of Sciences of the USA 99, no. 15 (2002): 10221-10226.

8. Lee, Ronald D. "Rethinking the Evolutionary Theory of Aging: Transfers, Not

Births, Shape Senescence in Social Species." Proceedings of the National Academy of Sciences of the USA 100, no. 16 (2003): 9637-9642.
9. Lee, Sang-Hee. "Human Longevity and World Population." In 21st Century Anthropology: A Reference Handbook, edited by H. James Birx, 970-76. Sage, 2010.

09 农业使人类更富足？
1. Cohen, Mark Nathan, and George J. Armelagos, eds. Paleopathology at the Origins of Agriculture. Academic Press, 1984.
2. Diamond, Jared. Guns, Germs, and Steel. W. W. Norton, 1997.
3. Armelagos, George J. "Health and Disease in Prehistoric Populations in Transition." In Disease in Populations in Transition: Anthropological and Epidemiological Perspectives, edited by A. C. Swedlund and George J. Armelagos, 127-144. Begin and Garvey, 1990.
4. Armelagos, George J., Alan H. Goodman, and Kenneth H. Jacobs. "The Origins of Agriculture: Population Growth during a Period of Declining Health." Population & Environment 13, no. 1 (1991): 9-22.
5. Bellwood, Peter S. "Early Agriculturalist Diasporas? Farming, Languages, and Genes." Annual Review of Anthropology 30 (2001): 181-207.
6. Bocquet-Appel, Jean-Pierre, and Stephan Naji. "Testing the Hypothesis of a Worldwide Neolithic Demographic Transition: Corroboration from American Cemeteries." Current Anthropology 47, no. 2 (2006): 341-365.
7. Larsen, Clark Spencer. "Biological Changes in Human Populations with Agriculture." Annual Review of Anthropology 24 (1995): 185-213.
8. Marlowe, Frank. "Hunter-Gatherers and Human Evolution." Evolutionary Anthropology 14, no. 2 (2005): 54-67.

10 北京人与日本黑道的回忆
1. Boaz, Noel T., and Russell L. Ciochon. Dragon Bone Hill: An Ice-Age Saga of Homo erectus. Oxford University Press, 2004.
2. Rightmire, G. Philip. The Evolution of Homo erectus: Comparative Anatomical Studies of an Extinct Human Species. Cambridge University Press, 1990.
3. Ant.n, Susan C. "Natural History of Homo erectus." American Journal of Physical Anthropology, Supplement: Yearbook of Physical Anthropology 122, no. S37 (2003): 126-170.
4. Berger, Lee R., Wu Liu, and Xiujie Wu. "Investigation of a Credible Report by a US Marine on the Location of the Missing Peking Man Fossils." South African Journal of Science, no. 108 (2012): 3-5.
5. Shen, Guanjun, Xing Gao, Bin Gao, and Darryl E. Granger. "Age of Zhoukoudian Homo erectus Determined with 26Al/10Be Burial Dating." Nature 458, no. 7235 (2009): 198-200.
6. Weidenreich, Franz. The Dentition of Sinanthropus pekinensis: A Comparative Odontography of the Hominids. Palaeontologia Sinica, New Series D, no. 1. 1937.
7. Weidenreich, Franz. The Skull of Sinanthropus pekinensis: A Comparative Study of a Primitive Hominid Skull. Palaeontologia Sinica, New Series D, no. 10. 1943.
8. Wu, Xiujie, Lynne A. Schepartz, and Christopher J. Norton. "Morphological and Morphometric Analysis of Variation in the Zhoukoudian Homo erectus Brain Endocasts." Quaternary International 211, no. 1-2 (2010): 4-13.

11 挑战非洲堡垒的亚洲人类
1. Shipman, Pat. The Man Who Found the Missing Link: Eugene Dubois and His Lifelong Quest to Prove Darwin Right. Harvard University Press, 2001.
2. Spencer, Frank. Piltdown: A Scientific Forgery. Oxford University Press, 1990.

3. Swisher, Carl C., III, Garniss H. Curtis, and Roger Lewin. Java Man: How Two Geologists' Dramatic Discoveries Changed Our Understanding of the Evolutionary Path to Modern Humans. Scribner, 2000.

4. Dart, Raymond A. "Australopithecus africanus: The Man-Ape of South Africa." Nature 115, no. 2884 (1925): 195-199.

5. Dennell, Robin W. "Human Migration and Occupation of Eurasia." Episodes 31, no. 2 (2008): 207-210.

6. Gabunia, Leo, Abesalom Vekua, David Lordkipanidze, Carl C. Swisher III, Reid Ferring, Antje Justus, Medea Nioradze, et al. "Earliest Pleistocene Hominid Cranial Remains from Dmanisi, Republic of Georgia: Taxonomy, Geological Setting, and Age." Science 288, no. 5468 (2000): 1019-1025.

7. Kaifu, Yousuke, and Masaki Fujita. "Fossil Record of Early Modern Humans in East Asia." Quaternary International 248 (2012): 2-11.

8. Lordkipanidze, David, Marcia S. Ponce de Le.n, Ann Margvelashvili, Yoel Rak, G. Philip Rightmire, Abesalom Vekua, and Christoph P. E. Zollikofer. "A Complete Skull from Dmanisi, Georgia, and the Evolutionary Biology of Early Homo." Science 342, no. 6156 (2013): 326-331.

9. Wong, Kate. "Stranger in a New Land." Scientific American 289, no. 5 (2003): 74-83.

12 同心合作你和我

1. Axelrod, Robert. The Evolution of Cooperation. Basic Books, 1984.

2. Solecki, Ralph S. Shanidar: The First Flower People. Knopf, 1971.

3. Wilson, Edward O. On Human Nature. Harvard University Press, 1978.

4. Wilson, Edward O. Sociobiology: The New Synthesis. Belknap Press, 1975.

5. Hamilton, W. D. "The Evolution of Altruistic Behavior." American Naturalist 97, no. 896 (1963): 354-356.

6. Lee, Ronald D. "Rethinking the Evolutionary Theory of Aging: Transfers, Not Births, Shape Senescence in Social Species." Proceedings of the National Academy of Sciences of the USA 100, no. 16 (2003): 9637-9642.

7. Lordkipanidze, David, Abesalom Vekua, Reid Ferring, G. Philip Rightmire, Jordi Agusti, Gocha Kiladze, Aleksander Mouskhe-lishvili, et al. "The Earliest Toothless Hominin Skull." Nature 434 (2005): 717-718.

8. Nowak, Martin A., and Karl Sigmund. "Evolution of Indirect Reciprocity." Nature 437, no. 7063 (2005): 1291-1298.

13 是谁害死了"金刚"?

1. Ciochon, Russell L., John W. Olsen, and Jamie James. Other Origins: The Search for the Giant Ape in Human Prehistory. Bantam, 1990.

2. Weidenreich, Franz. Apes, Giants, and Man. University of Chicago Press, 1946.

3. Lee, Sang-Hee, Jessica W. Cade, and Yinyun Zhang. Patterns of Sexual Dimorphism in Gigantopithecus blacki Dentition. American Journal of Physical Anthropology 144, no. S52 (2011): 197.

4. Pei, Wen-Chung. "Giant Ape' s Jaw Bone Discovered in China." American Anthropologist 59, no. 5 (1957): 834-838.

5. Simons, Elwyn L., and Peter C. Ettel. "Gigantopithecus." Scientific American 222, no. 1 (1970): 76-85.

6. Von Koenigswald, G. H. R. "Gigantopithecus blacki von Koenigswald, a Giant Fossil Hominoid from the Pleistocene of Southern China." Anthropological Papers of the American Museum of Natural History 43, no. 4 (1952): 295-325.

7. Woo, Ju-Kang. "The Mandibles and Dentition of Gigantopithecus." Palaeontologia Sinica 146, no. 11 (1962): 1-94.

8. Zhang, Yinyun. "Variability and Evolutionary Trends in Tooth Size of Gigantopithecus blacki." American Journal of Physical Anthropology 59, no. 1 (1982): 21-32.

9. Zhao, L. X., and L. Z. Zhang. "New Fossil Evidence and Diet Analysis of Gigantopithecus blacki and Its Distribution and Extinction in South China." Quaternary International 286 (2013): 69-74.

14 用双脚撑起文明的代价

1. Johanson, Donald C., and Maitland A. Edey. Lucy: Beginnings of Humankind. Simon & Schuster, 1981.
2. Anderson, Robert. "Human Evolution, Low Back Pain, and Dual-Level Control." In Evolutionary Medicine, edited by Wenda R. Trevathan, E. O. Smith, and James J. McKenna, 333-49. Oxford University Press, 1999.
3. Leakey, Mary D. "Tracks and Tools." Philosophical Transactions of the Royal Society of London. Series B, Biological Sciences 292, no. 1057 (1981): 95-102.
4. Lovejoy, C. Owen. "Evolution of Human Walking." Scientific American 259, no. 5 (1988): 118-125.
5. Rosenberg, Karen R., and Wenda R. Trevathan. "Bipedalism and Human Birth: The Obstetrical Dilemma Revisited." Evolutionary Anthropology 4, no. 5 (1996): 161-168.

15 寻找一张"最像人类"的脸

1. Bowman-Kruhm, Mary. The Leakeys: A Biography. Prometheus, 2009.
2. Morell, Virginia. Ancestral Passions: The Leakey Family and the Quest for Humankind' s Beginnings. Touchstone, 1996.
3. Ant.n, Susan C., Richard Potts, and Leslie C. Aiello. "Evolution of Early Homo: An Integrated Biological Perspective." Science 345, no. 6192 (2014): 1236828-1 to-13.
4. Leakey, Louis S. B. "A New Fossil Skull from Olduvai." Nature 184, no. 4685 (1959): 491-493.
5. Leakey, Louis S. B., Phillip V. Tobias, and J. R. Napier. "A New Species of the Genus Homo from Olduvai Gorge." Nature 202, no. 4927 (1964): 7-9.
6. Leakey, Meave G., Fred Spoor, M. Christopher Dean, Craig S. Feibel, Susan C. Ant. n, Christopher Kiarie, and Louise N. Leakey. "New Fossils from Koobi Fora in Northern Kenya Confirm Taxonomic Diversity in Early Homo." Nature 488, no. 7410 (2012): 201-204.
7. Leakey, Richard E. F. "Evidence for an Advanced Plio-Pleistocene Hominid from East Rudolf, Kenya." Nature 242, no. 5398 (1973): 447-450.
8. Wood, Bernard A., and Mark Collard. "The Human Genus." Science 284, no. 5411 (1999): 65-71.

16 年纪越大，脑袋越迟钝？

1. Lieberman, Daniel E. The Evolution of the Human Head. Belknap Press, 2011.
2. Aiello, Leslie C., and Robin I. M. Dunbar. "Neocortex Size, Group Size, and the Evolution of Language." Current Anthropology 34, no. 2 (1993): 184-193.
3. Aiello, Leslie C., and Peter E. Wheeler. "The Expensive-Tissue Hypothesis: The Brain and the Digestive System in Human and Primate Evolution." Current Anthropology 36, no. 2 (1995): 199-221.
4. Dunbar, Robin I. M. "Evolution of the Social Brain." Science 302, no. 5648 (2003): 1160-1161.
5. Kaplan, Hillard S., and A. J. Robson. "The Emergence of Humans: The Coevolution of Intelligence and Longevity with Intergenerational Transfers." Proceedings of the National Academy of Sciences of the USA 99, no. 15 (2002): 10221-10226.
6. Lee, Sang-Hee, and Milford H. Wolpoff. "The Pattern of Pleistocene Human Brain Size Evolution." Paleobiology 29, no. 2 (2003): 185-195.

17 你是尼安德特人！

1. Finlayson, Clive. Humans Who Went Extinct: Why Neanderthals Died Out and We Survived. Oxford University Press, 2009.
2. Pääbo, Svante. Neanderthal Man: In Search of Lost Genomes. Basic Books, 2014.

3. Stringer, Christopher, and Clive Gamble. In Search of the Neanderthals: Solving the Puzzle of Human Origins. Thames & Hudson, 1994.

4. Boule, M. "L' homme fossile de La Chapelle-aux-Saints." Annales de Paléontologie 6 (1911-1913): 11-172.

5. D' Errico, Francesco, Jo.o Zilh.o, Michele Julien, Dominique Baffier, and Jacques Pelegrin. "Neanderthal Acculturation in Western Europe? A Critical Review of the Evidence and Its Interpretation." Current Anthropology 39, no. 2 (1998): s1-s44.

6. Frayer, David W., Ivana Fiore, Carles Lalueza-Fox, Jakov Radovčić, and Luca Bondioli. "Right Handed Neandertals: Vindija and Beyond." Journal of Anthropological Sciences 88 (2010): 113-127.

7. Green, Richard E., Johannes Krause, Adrian W. Briggs, Tomislav Maricic, Udo Stenzel, Martin Kircher, Nick Patterson, et al. "A Draft Sequence of the Neandertal Genome." Science 328, no. 5979 (2010): 710-722.

8. Green, Richard E., Johannes Krause, Susan E. Ptak, Adrian W. Briggs, Michael T. Ronan, Jan F. Simons, Lei Du, et al. "Analysis of One Million Base Pairs of Neanderthal DNA." Nature 444, no. 7117 (2006): 330-336.

9. Krings, Matthias, Helga Geisert, Ralf W. Schmitz, Heike Krainitzki, and Svante Pääbo. "DNA Sequence of the Mitochondrial Hypervariable Region II from the Neandertal Type Specimen." Proceedings of the National Academy of Sciences of the USA 96, no. 10 (1999): 5581-5585.

10. Noonan, James P. "Neanderthal Genomics and the Evolution of Modern Humans." Genome Research 20, no. 5 (2010): 547-553.

11. Stringer, Christopher B. "Documenting the Origin of Modern Humans." In The Emergence of Modern Humans, edited by Erik Trinkaus, 67-96. Cambridge University Press, 1989.

12. Thorne, Alan G., and Milford H. Wolpoff. "The Multiregional Evolution of Humans." Scientific American 266, no. 4 (1992): 76-83.

13. Wolpoff, Milford H. "The Place of the Neandertals in Human Evolution." In The Emergence of Modern Humans, edited by Erik Trinkaus, 97-141. Cambridge University Press, 1989.

18 摇摇欲坠的分子钟理论

1. Crow, James F., and Motoo Kimura. An Introduction to Population Genetics Theory. Harper and Row, 1970.

2. Marks, Jonathan. What It Means to Be 98% Chimpanzee: Apes, People, and Their Genes. University of California Press, 2002.

3. Cann, Rebecca L., Mark Stoneking, and Alan C. Wilson. "Mitochondrial DNA and Human Evolution." Nature 325, no. 6099 (1987): 31-436.

4. Green, Richard E., Johannes Krause, Adrian W. Briggs, Tomislav Maricic, Udo Stenzel, Martin Kircher, Nick Patterson, et al. "A Draft Sequence of the Neandertal Genome." Science 328, no. 5979 (2010): 710-722.

5. Kimura, Motoo. "Possibility of Extensive Neutral Evolution under Stabilizing Selection with Special Reference to Nonrandom Usage of Synonymous Codons." Proceedings of the National Academy of Sciences of the USA 78 (1981): 5773-5777.

6. Krings, Matthias, Helga Geisert, Ralf W. Schmitz, Heike Krainitzki, and Svante P..bo. "DNA Sequence of the Mitochondrial Hypervariable Region II from the Neandertal Type Specimen." Proceedings of the National Academy of Sciences of the USA 96, no. 10 (1999): 5581-5585.

7. Li, Wen-Hsiung, and Lori A. Sadler. "Low Nucleotide Diversity in Man." Genetics 129, no. 2 (1991): 513-523.

8. Wilson, Alan C., and Rebecca L. Cann. "The Recent African Genesis of Humans." Scientific American 266, no. 4 (1992): 68-73.

19 揭开亚洲人起源的第三种人类

1. Harris, Eugene E. Ancestors in Our Ge-

nome: The New Science of Human Evolution. Oxford University Press, 2014.

2. Hawks, John. "Significance of Neandertal and Denisovan Genomes in Human Evolution." Annual Review of Anthropology 42, no. 1 (2013): 433-449.

3. Huerta-S.nchez, Emilia, Xin Jin, Asan, Zhuoma Bianba, Benjamin M. Peter, Nicolas Vinckenbosch, Yu Liang, et al. "Altitude Adaptation in Tibetans Caused by Introgression of Denisovan-like DNA." Nature 512, no. 7513 (2014): 194-197.

4. Krause, Johannes, Qiaomei Fu, Jeffrey M. Good, Bence Viola, Michael V. Shunkov, Anatoli P. Derevianko, and Svante Paabo. "The Complete Mitochondrial DNA Genome of an Unknown Hominin from Southern Siberia." Nature 464, no. 7290 (2010): 894-897.

5. Meyer, Matthias, Qiaomei Fu, Ayinuer Aximu-Petri, Isabelle Glocke, Birgit Nickel, Juan-Luis Arsuaga, Ignacio Martinez, et al. "A Mitochondrial Genome Sequence of a Hominin from Sima de los Huesos." Nature 505, no. 7483 (2014): 403-406.

6. Meyer, Matthias, Martin Kircher, Marie-Theres Gansauge, Heng Li, Fernando Racimo, Swapan Mallick, Joshua G. Schraiber, et al. "A High-Coverage Genome Sequence from an Archaic Denisovan Individual." Science 338, no. 6104 (2012): 222-226.

20 寻找霍比特人

1. Morwood, Mike, and Penny Van Oosterzee. A New Human: The Startling Discovery and Strange Story of the "Hobbits" of Flores, Indonesia. Smithsonian, 2007.

2. Falk, Dean, Charles Hildebolt, Kirk Smith, M. J. Morwood, Thomas Sutikna, Peter J. Brown, Jatmiko, E. Wayhu Saptomo, Barry Brunsden, and Fred Prior. "The Brain of LB1, Homo floresiensis." Science 308, no. 5719 (2005): 242-245.

3. Hayes, Susan, Thomas Sutikna, and Mike Morwood. "Faces of Homo floresiensis (LB1)." Journal of Archaeological Science 40, no. 12 (2013): 4400-4410.

4. Martin, Robert D., Ann M. MacLarnon, James L. Phillips, and William B. Dobyns. "Flores Hominid: New Species or Microcephalic Dwarf?" Anatomical Record 288A, no. 11 (2006): 1123-1145.

5. Morwood, M. J., R. P. Soejono, R. G. Roberts, T. Sutikna, C. S. M. Turney, K. E. Westaway, W. J. Rink, et al. "Archaeology and Age of a New Hominin from Flores in Eastern Indonesia." Nature 431, no. 7012 (2004): 1087-1091.

6. Van Den Bergh, Gerrit D., Bo Li, Adam Brumm, Rainer Grün, Dida Yurnaldi, Mark W. Moore, Iwan Kurniawan, et al. "Earliest Hominin Occupation of Sulawesi, Indonesia." Nature 529, no. 7585 (2016): 208-211.

7. Wong, Kate. "The Littlest Human." Scientific American 292, no. 2, (2005): 56-65.

21 全球70亿人，真的都是一家人？

1. Gould, Stephen J. The Mismeasure of Man. W. W. Norton, 1981.

2. Wolpoff, Milford H., and Rachel E. Caspari. Race and Human Evolution: A Fatal Attraction. Simon & Schuster, 1997.

3. Caspari, Rachel E. "From Types to Populations: A Century of Race, Physical Anthropology, and the American Anthropological Association." American Anthropologist 105, no. 1 (2003): 65-76.

4. Coon, Carleton S. "New Findings on the Origin of Races." Harper' s Magazine 225, no. 1351 (1962): 65-74.

5. Day, Michael H., and Christopher B. Stringer. "A Reconsideration of the Omo Kibish Remains and the erectus-sapiens Transition." In L' Homo erectus et la place de l' homme de Tuatavel parmi les hominidés fossiles, edited by Marie-Antoinette de Lumley, 814-846. Centre National de la Recherche Scientifique, 1982.

6. Livingstone, Frank B. "On the Non-existence of Human Races." Current Anthropology 3, no. 3 (1962): 279.

7. Stringer, Christopher B., and Peter Andrews. "Genetic and Fossil Evidence for the Origin of Modern Humans." Science 239, no. 4845 (1988): 1263-1268.

8. Wolpoff, Milford H. "Describing Anatomically Modern Homo sapiens: A Distinction without a Definable Difference." Anthropos (Brno) 23 (1986): 41-53.

9. Wolpoff, Milford H., Xinzhi Wu, and Alan G. Thorne. "Modern Homo sapiens Origins: A General Theory of Hominid Evolution Involving the Fossil Evidence from East Asia." In The Origins of Modern Humans, edited by Fred H. Smith and Frank Spencer, 411-483. Alan R. Liss, 1984.

22 人类还会继续进化吗?

1. Cochran, Gregory M., and Henry Harpending. The 10,000 Year Explosion: How Civilization Accelerated Human Evolution. Basic Books, 2009.

2. White, Leslie A. The Evolution of Culture: The Development of Civilization to the Fall of Rome. McGraw-Hill, 1959.

3. Frayer, David W. "Metric Dental Change in the European Upper Paleolithic and Mesolithic." American Journal of Physical Anthropology 46, no. 1 (1977): 109-120.

4. Hawks, John, Eric T. Wang, Gregory M. Cochran, Henry C. Harpending, and Robert K. Moyzis. "Recent Acceleration of Human Adaptive Evolution." Proceedings of the National Academy of Sciences of the USA 104, no. 52 (2007): 20753-20758.

5. Huerta-S.nchez, Emilia, Xin Jin, Asan, Zhuoma Bianba, Benjamin M. Peter, Nicolas Vinckenbosch, Yu Liang, et al. "Altitude Adaptation in Tibetans Caused by Introgression of Denisovan-like DNA." Nature 512, no. 7513 (2014): 194-197.

6. Yi, Xin, Yu Liang, Emilia Huerta-S.nchez, Xin Jin, Zha Xi Ping Cuo, John E. Pool, Xun Xu, et al. "Sequencing of 50 Human Exomes Reveals Adaptation to High Altitude." Science 329, no. 5987 (2010): 75-78.

附录 I 关于进化的二三事

1. Crow, James F., and Motoo Kimura. An Introduction to Population Genetics Theory. Harper and Row, 1970.

2. Darwin, Charles. The Descent of Man, and Selection in Relation to Sex. John Murray, 1871.

3. Darwin, Charles. On the Origin of Species. John Murray, 1859.

4. Jablonka, Eva, and Marion J. Lamb. Evolution in Four Dimensions: Genetic, Epigenetic, Behavioral, and Symbolic Variation in the History of Life. MIT Press, 2006.

5. Gould, Stephen Jay, and Niles Eldredge. "Punctuated Equilibria: The Tempo and Mode of Evolution Reconsidered." Paleobiology 3, no. 2 (1977): 115-151.

附录 II 人类的进化谱系

1. Cela-Conde, Camilo J., and Francisco J. Ayala. Human Evolution: Trails from the Past. Oxford University Press, 2007.

2. Johanson, Donald C., and Blake Edgar. From Lucy to Language. Simon & Schuster, 1996.

3. Green, Richard E., Johannes Krause, Adrian W. Briggs, Tomislav Maricic, Udo Stenzel, Martin Kircher, Nick Patterson, et al. "A Draft Sequence of the Neandertal Genome." Science 328, no. 5979 (2010): 710-722.

4. Reich, David, Richard E. Green, Martin Kircher, Johannes Krause, Nick Patterson, Eric Y. Durand, Bence Viola, et al. "Genetic History of an Archaic Hominin Group from Denisova Cave in Siberia." Nature 468, no. 7327 (2010): 1053-1060.

5. Wolpoff, Milford H., John D. Hawks, David W. Frayer, and Keith Hunley. "Modern Human Ancestry at the Peripheries: A Test of the Replacement Theory." Science 291, no. 5502 (2001): 293-297.

6. Wolpoff, Milford H., Alan G. Thorne, Jan Jel.nek, and Yinyun Zhang. "The Case for Sinking Homo erectus: 100 Years of Pithe-

canthropus Is Enough!" In 100 Years of Pithecanthropus: The Homo erectus Problem, edited by J. L. Franzen, 341-361. Frankfurt, 1994.
7. Wood, Bernard A., and Mark Collard. "The Human Genus." Science 284, no. 5411 (1999): 65-71.

图片版权

第59页：乍得沙赫人的头盖骨化石 Didier Descouens

第71页：阿法南方古猿“露西”的骨骼化石 120

第84页：奥都威工艺石器 Didier Descouens

第147页：“爪哇人”化石画像

第160页：非洲南方古猿“汤恩幼儿”的头盖骨化石 Didier Descouens

第177页：南方古猿源泉种的手掌与前臂化石 Profberger

第204页：奥都威峡谷 Noel Feans

第217页：阿法南方古猿的足迹化石 Momotarou2012

第233页：非洲南方古猿的头盖骨化石 JoséBraga; Didier Descouens

第262页：莫斯特石器 Didier Descouens

第290页：佛罗勒斯洞穴 Rosino

第317页：罗百氏傍人的头盖骨化石 JoséBraga; Didier Descouens

第349页：南方古猿源泉种的青少年头骨化石 Tim Evanson